Erscheinungsweise und Einteilung des

Handbuchs der gesamten Augenheilkunde.

Die **zweite** Auflage erscheint in **Lieferungen** und in **Bänden**. Der **Preis jeder Lieferung** beträgt bei einem Umfang von 5 Bogen oder einer entsprechenden Anzahl von Tafeln *M* 2.—. Um ein schnelles Erscheinen zu ermöglichen, wird mit dem Druck der einzelnen Kapitel, **gleichviel welchem Bande sie angehören, sofort** nach Einlieferung des Manuskripts begonnen. Die dritte Auflage erscheint nur in Kapiteln.

Die Kapitel sind unter die Mitarbeiter wie folgt verteilt:

Erster Teil. Anatomie und Physiologie.

Band I, 1. Abteilung. (*Vergriffen.*)

Kap. I: **Makroskopische Anatomie des Auges.** Prof. *Merkel* in Göttingen und Prof. *Kallius* in Greifswald. *(Lieferung 29/31 [Schluß].)*

„ II: **Mikroskopische Anatomie der äußeren Augenhaut und des Lidapparates.** Prof. *Hans Virchow* in Berlin. *(Lieferung 103/104, 126/127, 184/187 [Schluß].)*
Anhang: **Verhalten der Kammerbucht bis zur Geburt.** Dr. *R. Seefelder* in Leipzig. *(Lieferung 195 [Schluß].)*

Band I, 2. Abteilung.

„ III: **Mikroskopische Anatomie des Uvealtractus und des Glaskörpers.** Dr. *Wolfrum* in Leipzig.

„ IV: **Mikroskopische Anatomie der Linse und des Strahlenbändchens.** Prof. *Oscar Schultze* in Würzburg. *(Lieferung 17 [Schluß].)*

„ V: **Mikroskopische Anatomie des Sehnerven und der Netzhaut.** Prof. *Greeff* in Berlin. *(Lieferung 17, 20/22 [Schluß].)*

„ VI: **Die Wurzelgebiete der Augennerven, ihre Verbindungen und ihr Anschluss an die Gehirnrinde.** Prof. *Bernheimer* in Innsbruck. *(Lieferung 15/16 [Schluß].)*

„ VII: **Mikroskopische Anatomie und Physiologie der Thränenorgane.** Prof. *Schirmer.* *(Lieferung 75/76 [Schluß].)*

Band II, 1. Abteilung. (*Vergriffen.*)

„ VIII: **Entwicklungsgeschichte des menschlichen Auges.** Prof. *Nussbaum* in Bonn. *(Lieferung 14/15 [Schluß].)*

„ IX: **Die Missbildungen und angeborenen Fehler des Auges.** Prof. *von Hippel* in Halle a. S. *(Lieferung 18/19 [Schluß].)*

„ X: **Organologie des Auges.** Prof. *Pütter* in Göttingen. *(Lieferung 162/166 [Schluß].)*

Band II, 2. Abteilung. (*Vergriffen.*)

„ XI: **Die Circulations- und Ernährungsverhältnisse des Auges.** Prof. *Leber* in Heidelberg. *(Lieferung 52/58 [Schluß].)*

Band III.

„ XII: **Physiologische Optik** (Lichtsinn, Farbensinn). Prof. *Hering* in Leipzig. (*Bis jetzt erschienen: Lieferung 101, 115, 212.*) Anhang: **Die Veränderungen der Netzhaut durch Licht.** Prof. *Garten* in Gießen. *(Lieferung 119/121, 128/129 [Schluß].)*

„ XIII: **Physiologische Optik** (Raumsinn). Prof. *Hering* in Leipzig.
Anhang: **Technik der histologischen Untersuchung des Auges** im normalen und pathologischen Zustand. Dr. *L. Schreiber* in Heidelberg.

Zweiter Teil. Pathologie und Therapie.

Band IV, 1. Abteilung. (*Vergriffen.*)

„ I: **Die Untersuchungsmethoden.** Dr. *Landolt* in Paris. Anhang: **Semiologie der Pupillarbewegung.** Dr. *Heddaeus* in Eisenach. *(Lieferung 50/51, 59/60, 63/66, 72/74 [Schluß].)*

Band IV, 2. Abteilung.

„ II: **Operationslehre.** Prof. *Snellen* in Utrecht, Dr. *Landolt* in Paris und Prof. *Axenfeld* in Freiburg i. B. *(Bis jetzt erschienen: Lieferung 48/49, 91.)*

Fortsetzung auf der dritten Seite des Umschlags

GRAEFE-SAEMISCH HANDBUCH DER GESAMTEN AUGENHEILKUNDE

UNTER MITWIRKUNG VON

Prof. Th. Axenfeld in Freiburg in B., Prof. St. Bernheimer in Innsbruck, Prof. A. Bielschowsky in Leipzig, Prof. A. Birch-Hirschfeld in Leipzig, †Prof. O. Eversbusch in München, Dr. A. Fick in Zürich, Prof. Dr. S. Garten in Gießen, †Prof. Alfred Graefe in Weimar, Prof. R. Greeff in Berlin, Prof. A. Groenouw in Breslau, Dr. E. Heddaeus in Essen, Prof. E. Hering in Leipzig, Prof. E. Hertel in Straßburg, Prof. C. Hess in Würzburg, Prof. E. von Hippel in Heidelberg, Prof. J. Hirschberg in Berlin, Prof. E. Hummelsheim in Bonn, Prof. E. Kallius in Greifswald, † Dr. med. et philos. A. Kraemer in San Diego, Prof. E. Krückmann in Berlin, Dr. Edmund Landolt in Paris, Prof. Th. Leber in Heidelberg, Prof. F. Merkel in Göttingen, †Prof. J. von Michel in Berlin, Prof. M. Nussbaum in Bonn, Dr. E. H. Oppenheimer in Berlin, Prof. A. Pütter in Bonn, Dr. M. von Rohr in Jena, †Prof. Th. Saemisch in Bonn, Prof. H. Sattler in Leipzig, Prof. G. v. Schleich in Tübingen, Prof. H. Schmidt-Rimpler in Halle a. S., Prof. L. Schreiber in Heidelberg, Prof. Oscar Schultze in Würzburg, Dr. R. Seefelder in Leipzig, †Prof. H. Snellen in Utrecht, Prof. H. Snellen jr. in Utrecht, Prof. W. Uhthoff in Breslau, Prof. Hans Virchow in Berlin, Prof. A. Wagenmann in Heidelberg, Prof. Wessely in Würzburg, Dr. M. Wolfrum in Leipzig.

BEGRÜNDET VON

Prof. THEODOR SAEMISCH

FORTGESETZT VON

Prof. C. HESS

DRITTE, NEUBEARBEITETE AUFLAGE

I. TEIL, VIII. KAPITEL

LEIPZIG
VERLAG VON WILHELM ENGELMANN
1912

ENTWICKLUNGSGESCHICHTE DES MENSCHLICHEN AUGES

VON

M. NUSSBAUM
PROFESSOR IN BONN

DRITTE AUFLAGE

MIT 63 FIGUREN IM TEXT

LEIPZIG
VERLAG VON WILHELM ENGELMANN
1912

ISBN-13:978-3-642-90205-5 e-ISBN-13:978-3-642-92062-2
DOI: 10.1007/978-3-642-92062-2

Inhalt.

I. Teil, Kap. VIII.

Entwicklungsgeschichte des menschlichen Auges.

Von **M. Nussbaum**, Bonn.

Mit 63 Figuren im Text.

Kapitel VIII.

Entwicklungsgeschichte des menschlichen Auges.

Von

M. Nussbaum

Professor in Bonn.

Mit 63 Figuren im Text.

Eingegangen Anfang April 1912.

§ 1. Einleitung. Auch heute ist es nicht möglich, eine erschöpfende Darstellung von der Entwicklung des menschlichen Auges zu geben: ebensowenig wie zur Zeit als die Einleitung zur zweiten Auflage dieses Handbuches geschrieben wurde.

Ist auch das von His und seinen Schülern begonnene Werk einer möglichst systematischen Bearbeitung der menschlichen Entwicklungsgeschichte in der Zwischenzeit eifrig gefördert worden, so können immer noch nicht die Ausblicke auf das Gebiet der vergleichenden Embryologie der Wirbeltiere entbehrt werden; wird man sich auch heute nicht auf das immer noch unzureichende menschliche Material beschränken dürfen. Die Gründe sind praktisch-zwingende. Eine lückenlose Gewinnung der aufeinander folgenden und tadellos konservierten Stadien ist beim Menschen ausgeschlossen; nur ein langjähriges, auch vom Glück begünstigtes Sammeln kann an die Stelle der planmäßigen Untersuchung treten. Vielversprechend nach dieser Richtung ist die Bearbeitung eines reichen Materials zur Entwicklung des menschlichen Auges von Bach und Seefelder (216). Aber wenn auch nach einer Reihe von Jahren unsere Kenntnisse von der Entwicklung des Menschen so ausreichend wären, daß sie sich zum Gegenstand einer monographischen Bearbeitung eigneten, so würde man der Vergleiche mit der Entwicklung der Tiere doch nicht entbehren können.

Wohl die Mehrzahl der hier beteiligten Forscher stand im Laufe und namentlich im Anfange der letzten 50 Jahre unter dem Banne einer Anschauung, die in ihren Grundzügen auch weiterhin fortbestehen wird, deren Inhalt jedoch nicht ganz unverändert geblieben ist. »Die Entwicklungsgeschichte ist eine Wiederholung der Stammesgeschichte.« Dieser Satz würde allen Erfahrungen durchaus widersprechen, wenn man aus dem Studium der vergleichenden Embryologie oder der Zustände bei den fertigen niederen Tieren die Entwicklung beim Menschen vorhersagen oder gar konstruieren wollte. Gerade die in der Neuzeit wurzelnden Anschauungen über die Bedeutung der Mutationserscheinungen legen uns in den Spekulationen über Entwicklungsgesetze und Entwicklungsmöglichkeiten eine heilsame Beschränkung auf. Wer sich darüber hinwegsetzen wollte, würde das Studium der

Fig. 1.

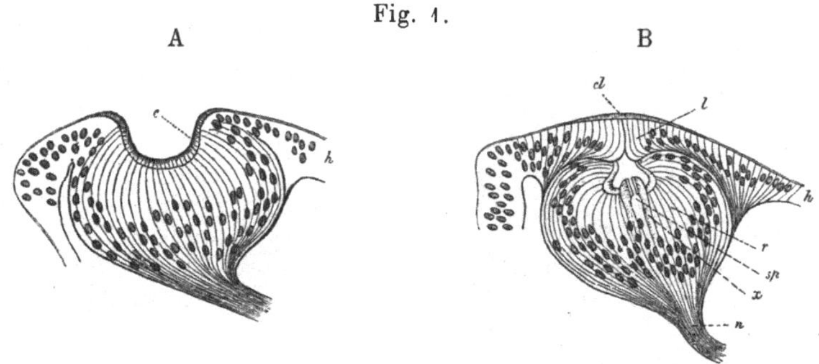

A jüngeres, B älteres Entwicklungsstadium des fünften Ocellus der Aciliuslarve. In A bezeichnet *c* Kutikula der Augengrube, *h* Hypodermis. — In B: *cl* Linsenkutikula, *l* Linsenbildungszellen, *h* Hypodermis, *r* Retinazellen, *sp* Vertikalspalt der Retina, *x* Zellen am Rande des Spaltes, *n* Nervus opticus. (Nach Patten.)

Entwicklungsgeschichte auf den falschen Standpunkt Galen's zurückversetzen, der nach Beobachtungen an Affen die menschliche Anatomie lehrte.

Mehr und mehr erweist sich das früher unter dem Begriffe der Caenogenese zusammengefaßte Vorkommen von Abweichungen in der Entwicklung verbreitet. Die Entwicklung hat nicht allein Zustände geschaffen, die als vergängliche Mittelglieder zur Ausbildung einer bestimmten Gestaltung dienen und in fertigen freilebenden Geschöpfen niemals bestanden haben; sie variiert auch das Entwicklungsschema beim Fortschreiten von niederer zu höherer Organisation.

Im großen und ganzen verläuft der Entwicklungsprozeß des Wirbeltierauges in der Weise, daß sich die beiden Keimblätter, das Ektoderm und das Mesoderm, an seinem Aufbau beteiligen. Linse, Retina und Optikus und die übrigen Augennerven nebst einigen Bestandteilen der Iris und des Ziliarkörpers stammen vom Ektoderm; alles andere vom Mesoderm.

Diese Form des Entwicklungsschemas hat in ihren Grundzügen sogar für die Wirbellosen Geltung; nur dringt kein mesodermatischer Glaskörper in das Innere des Auges der Wirbellosen ein. Beim näheren Eingehen auf die Einzelheiten der Entwicklung der aus dem Ektoderm entstehenden Teile zeigt sich weiterhin ein bedeutender Unterschied. Man hat geglaubt, dieser Unterschied müßte eine unübersteigliche Kluft zwischen den Wirbellosen und den Wirbeltieren erzeugen. Der Meinung bin ich nicht, da trotz augenfälliger Verwandtschaft zweier Tierarten ihre Entwicklung ungleich verlaufen kann.

Bei den Wirbellosen bilden sich Linse und Retina in einem Zuge durch Einstülpung des Ektoderms; bei den Wirbeltieren sind Linsen- und Retinaentwicklung zwei zeitlich und örtlich getrennte Vorgänge.

Aber auch bei den Wirbellosen ist die Durchführung der Entwicklung so verschieden, daß der eine Vorgang aus dem anderen sich nicht kontinuierlich ableiten läßt.

Fig. 2.

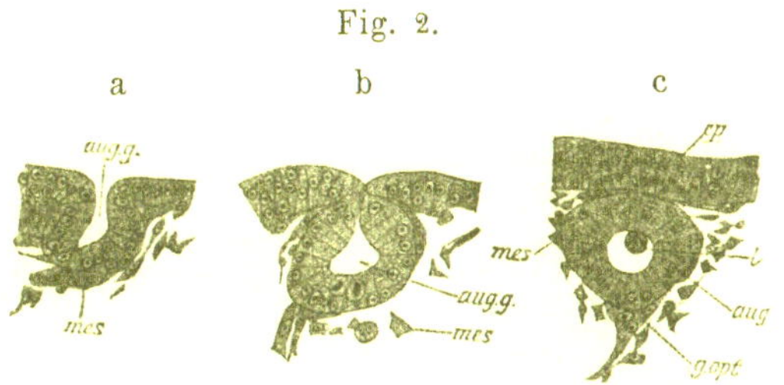

Drei aufeinander folgende Entwicklungsstadien des Auges von Limax maximus L.

aug Augenblase, *aug.g* Augengrube, Anlage der Linse und Retina, *mes* Mesoderm, *ep* Epidermis, *l* Linse, *g.opt.* Ganglion opticum. (Nach J. Meisenheimer, Zeitschr. f. wissensch. Zoologie. Bd. 63, 1898.)

Zur Veranschaulichung einiger Bildungsarten des Auges wirbelloser Tiere sind die beifolgenden Figuren 1 bis 3 bestimmt.

Fig. 1 stellt zwei Entwicklungsstadien des fünften Ocellus der Aciliuslarve nach Patten dar. Kurze Zeit nach der ersten Anlage aus den Zellen der Hypodermis (Ektoderm) ist ein solches Auge nichts weiter als eine Grube mit verlängerten Epidermiszellen und einem gestrichelten Kutikularsaum *c*. Indem nun die Hypodermis sich von den Seiten her über diese Grube schließt und die verlängerten Zellen dieser Schlußstelle eine nach und nach dicker werdende, schließlich bikonvexe Stelle der Kutikula, Fig. 1 B, *cl*, abscheiden, entsteht die Linse des Arthropodenauges. Die Linse ist somit eine kutikulare Bildung und liegt außen, vor dem Auge.

Bei den Mollusken bleibt der Charakter der Linse als eines Abscheidungsproduktes von Zellen gewahrt; doch liegt sie nicht mehr, wie bei den Arthropoden, vor dem Auge, sondern im Auge selbst. Wie die Figuren 2 a, b, c nach Meisenheimer erläutern, ist die erste Augenanlage bei Mollusken, Fig. 2 a, eine Einstülpung des Ektoderms. Diese Einstülpung schließt sich zu einem Säckchen, Fig. 2 b; die distale Wand des Säckchens scheidet die Linse ab, die proximale Wand liefert die Retina. Das Ektoderm geht später über das von ihm abstammende Auge wieder glatt hinweg, Fig. 2 c. Einen weiteren Schritt in der Entwicklung des Auges findet man bei den Cephalopoden. Das Auge entsteht wie das Molluskenauge durch Einstülpung vom Ektoderm aus. Die Linse entwickelt sich durch deutlich geschichtete Kutikularbildung der distalen Wandzellen in der abgeschnürten Augenanlage und die Retina aus den proximalen Wandzellen derselben, Fig. 3 A. Zu der primären Linse *hl* kommt dann unter Verbrauch der über der primären Linse gelegenen Ektodermzellen, Fig. 3 A, *a*, noch eine zweite, kleinere äußere Linse, Fig. 3 B, *vl*, zustande. Immerhin aber sind, wie besonders betont werden muß, Linse und Retina von derselben Stelle des Ektoderms abgeleitet.

Fig. 3.

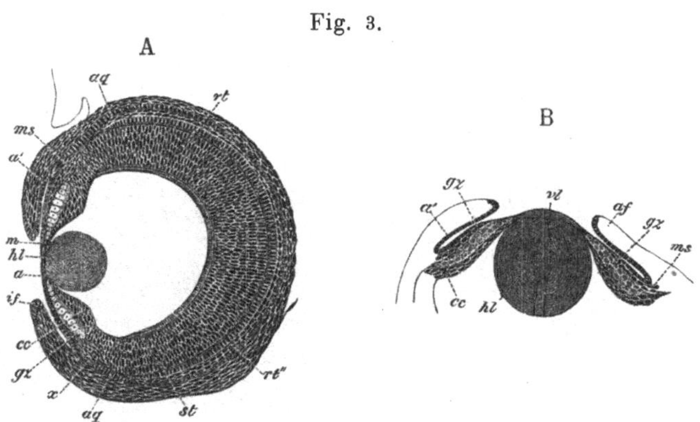

A und B. Jüngeres und älteres Stadium der Entwicklung des Auges von Loligo.
a und *a'* Epithel der vorderen Augenkammer, *if* Irisfalte, *aq* äquatorialer Augenknorpel, *cc* kleine Ektodermzellen des Ziliarkörpers, *gz* große Zellen des Ziliarkörpers *m*, *if* Irisfalte, *ms* Mesoderm des Ziliarkörpers, *rt* innere, *rt''* äußere Schicht der Retina, *st* Stäbchen, *vl* vordere, *hl* hintere Linse. (Nach Bobretzky aus Balfour's Handbuch der vergleichenden Entwicklungsgeschichte.)

Die Augen der Anneliden entwickeln sich gleichfalls aus einem von dem Ektoderm abgeschnürten Bläschen, dessen proximale Zellen erst später mit dem Kopfganglion durch den Nervus opticus in Beziehung treten. Die Linse liegt in der primären Augenblase; eine Einstülpung wie bei Wirbeltieren kommt nicht vor. Die Linse ist eine von Zellen abgeschiedene Masse, nicht selbst aus Zellen zusammengesetzt; doch gibt es auch Ausnahmen.

Bei den Wirbeltieren entsteht die Retina aus den Zellen einer vom Hirnrohr abstammenden, gestielten Blase. Die Linse bildet sich aus einem zweiten, vom Ektoderm der Augengegend abgeschnürten Hohlkörper, der erst später als die Augenblase auftritt. Die Linsenbildung der Wirbeltiere wird von einer eingreifenden Umgestaltung der Augenblase begleitet. Die Zellen der Anlage der Wirbeltierlinse bilden nicht mehr wie bei den Wirbellosen durch eine kutikulare Abscheidung den lichtbrechenden Apparat, sondern gehen selbst durch eigenartige Umformung in die Linse über. Die Linse der Wirbellosen ist ein Zellensekret, die der Wirbeltiere ein Zellenaggregat.

Freilich hat bereits Claus (59a) gezeigt, daß schon bei den Medusen Linsen vorkommen, die aus Zellen zusammengesetzt sind. Die Regel ist also auch hier nicht ohne Ausnahme; aber trotz der großen Verschiedenheiten bleibt den Augenanlagen aller bekannten Tiere das Gemeinsame der Abstammung ihrer empfindenden und lichtbrechenden Teile — Retina und Linse — vom Ektoderm, da das Medullarrohr der Wirbeltiere, welches den Mutterboden für die Augenblase abgibt, vom Ektoderm stammt. Nichtsdestoweniger bleibt der empfindende Apparat des Wirbeltierauges eine Neubildung, die im Auge der Wirbellosen nicht bestand. Vielleicht gelingt es uns aber, den Verbleib der Anlage des Auges der Wirbellosen an der Hand der Entwicklungsgeschichte des Wirbeltierauges auf eine befriedigende Art zu deuten. Unter Hinweis auf die Figuren 5 und 6, sowie auf die Art der Entwicklung des Nervus opticus kann es schon jetzt als erwiesen gelten, daß der empfindende Apparat des Wirbeltierauges sich wie ein Intervertebralganglion entwickelt.

Fig. 4.

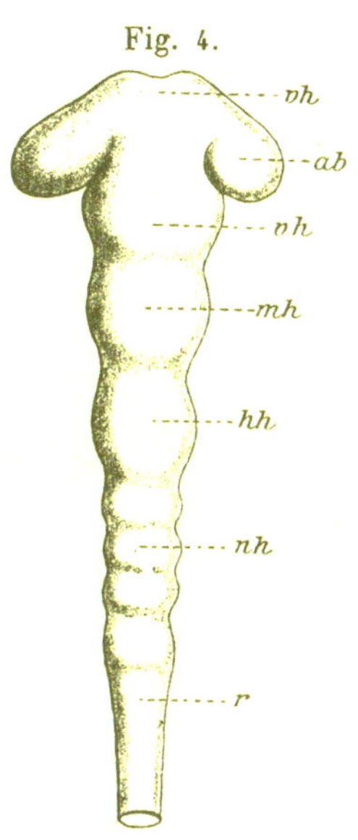

Schema des zentralen Nervensystems mit Augenblasen vom ungefähr 48 Stunden alten Hühnchen. *vh* Vorderhirn, *ab* Augenblase, *mh* Mittelhirn, *hh* Hinterhirn, *nh* Neuromeren des Nachhirnes, *r* Rückenmark bis zur Nackengegend.

§ 2. Erste Entstehung des lichtempfindenden Apparates. Die Anlage des lichtempfindenden Apparates stammt bei den Wirbeltieren aus dem Kopfteil des zentralen Nervensystems. Sobald die anfangs dorsal offene Rinne des Ektoderms, aus dem das Nervenrohr entsteht, sich bis auf kurze Strecken am apikalen und kaudalen Ende geschlossen hat, tritt in ihm eine Gliederung in Vorderhirn, Mittelhirn, Hinterhirn, Nachhirn und Rückenmark ein. Am Nachhirn und Rückenmark sind außerdem noch kleinere Einbuchtungen, die Neuromeren, gefunden worden.

Man vergleiche hierzu das in Fig. 4 beigegebene Schema, welches den Zustand beim Huhne am Ende des zweiten Brütetages, beim Kaninchen am zehnten Tage nach der Befruchtung wiedergibt.

Früher wurde gemeinhin angenommen, die Anlage des lichtempfindenden Apparates entstehe in Form von seitlichen Ausstülpungen nahe dem Boden des Vorderhirnbläschens. Aber schon Kölliker machte darauf aufmerksam, ob man damit auch weit genug zurückgegriffen habe, und ob nicht die seitlichen Ausbuchtungen des ganz offenen Vorderhirnes beim Hühnchen, wie sie schon Remak abbildet, für die ersten Spuren der Augenblase gehalten werden sollten. Dieser Gedankengang hat durch die

Ermittelungen van Wijhe's (75) an Selachiern und Heape's (89) Studien am Maulwurf volle Bestätigung erhalten. Auch Hoffmann und Kupffer nebst vielen anderen treten der Ansicht van Wijhe's bei, daß die Augenblasen dorsal entstehen und auf den bekannten Querschnitten wegen der Kopfbeuge am Vorderende des Hirnrohres nur scheinbar ventral gelegen seien.

Es muß somit vor das gewöhnlich als Anfang der Augenentwicklung abgebildete Stadium der Augenblase noch eine Reihe von anderen Stadien eingeschoben werden, in denen der Weg von der Rückseite des noch offenen Hirnrohres bis zum Boden des dritten Ventrikels zurückgelegt wird. Gelingt dies, so würde die Augenblasenentwicklung einen Ausgang nehmen wie die der Kopfganglien, die ebenfalls von seitlichen Rinnen oder bei den Knochenfischen von seitlichen Verdickungen an der dorsalen Seite des noch offenen Nervenrohres abstammen. Der Unterschied in dem weiteren Fortschreiten der Entwicklung bestände dann darin, daß das Ganglion sich sehr

Fig. 5.

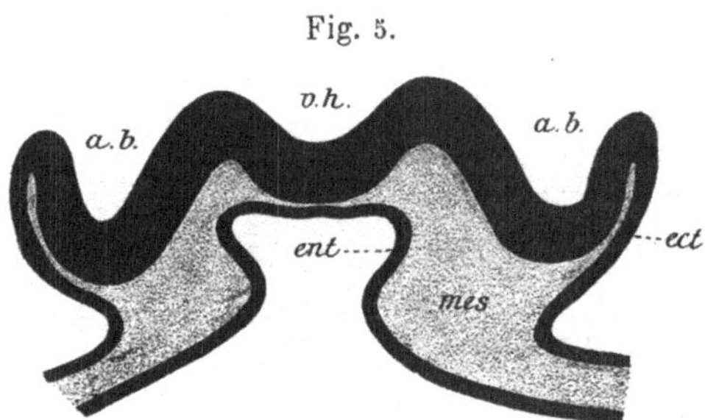

Querschnitt durch den Kopf eines Maulwurfembryos vom Stadium F (nach Heape). *vh* Anlage des Vorderhirnes, *ab* Anlage der Augenblase, *ect* Ektoderm, *mes* Mesoderm, *ent* Entoderm.

Fig. 6.

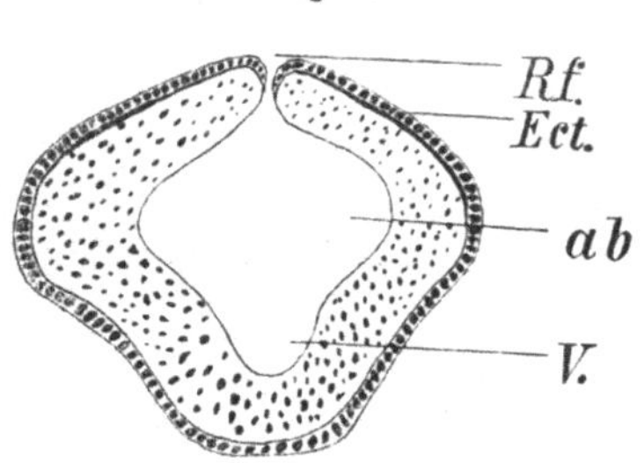

Querschnitt durch die Augengegend eines Maulwurfembryos (Heape, Stadium H). *Rf* Rückenfurche des Medullarrohres, *Ect* Ektoderm, *ab* Augenblase, *V* Ventrikel.

schnell vom zentralen Nervenrohr trennt, während die Augenanlage, zuerst von der dorsalen Seite des Neuralrohres zur Basis hinabgleitend, noch lange Zeit mit ihrer Höhle gegen die Hirnhöhle sich öffnet. In späteren Phasen der Entwicklung findet dann auch bei der Augenanlage eine Abtrennung vom Hirn statt, so daß schließlich sowohl Ganglien als nervöse Augenanlage erst durch die Nervenfortsätze sekundär mit dem zentralen Nervensystem wieder in Zusammenhang gebracht werden.

Beim Menschen hat man in neuerer Zeit auch die allerersten Stadien der Augenentwicklung beobachtet. Die von Heape vom Maulwurf abgebildeten Befunde zum Nachweise der Übereinstimmung der Entwicklung dieser Teile bei den Säugetieren mit der Entwicklung ihrer Spinal- und Kopfganglien, sowie mit den Augen der niederen Wirbeltiere sind die ersten dieser Art gewesen.

Die Fig. 5 stellt einen Durchschnitt durch die allererste Anlage des lichtempfindenden Apparates dar; die Abbildung ist nach der Originalfigur

Heape's vereinfacht, indem die einzelnen Keimblätter ohne Einzeichnung von Zellen nur der Form nach getreu wiedergegeben sind. Das vom Entoderm durch das Mesoderm getrennte Ektoderm weist den Durchschnitt der Rinne auf, woraus das Gehirn durch seitlichen und dorsalen Schluß der Ränder hervorgeht. Zu den Seiten dieser Rinne liegen die beiden durchschnittenen Augengruben. In Fig. 6, nach einem etwas älteren Maulwurfembryo als die vorige Fig. 5 gezeichnet, ist das Ektoderm in der dorsalen Mittellinie noch nicht geschlossen. Die Anlagen der Augen sind in die Höhe gerückt und erscheinen als dorsale seitliche Ausbuchtungen der Hirnrinne. An Lachsembryonen der betreffenden Entwicklungsstadien, kurz vor Beginn der Linsenbildung habe ich die ventral gerichtete Verlagerung der zuerst wie in Fig. 6 seitlich dorsal gelagerten Augenanlagen verfolgen können. Zu dieser ventral gerichteten Bewegung am Hirnrohr selbst kommt dann noch eine andere Verlagerung hinzu, auf die oben schon hingewiesen wurde. Sind die Augenanlagen nämlich beim Lachs am künftigen Boden des dritten Ventrikels angelangt, so tritt eine Umbiegung am rostralen Ende des Hirnrohres auf, welche die Spitze desselben ventral und kaudalwärts verschiebt.

Vergleicht man Sagittalschnitte etwa 18 Tage alter Lachsembryonen mit denen der nächstfolgenden bis zum 36. Tage, so erkennt man leicht, wie das umgebogene rostrale Ende des Hirnes kaudal weiter wächst. An 19 Tage alten Embryonen war es 0,05 mm, an 36 Tage alten 0,3 mm lang. Während die Umbiegungsstelle an dem 19 Tage alten Embryo aber 0,18 mm von der Mündung der Augenstiele im Hirn entfernt lag, war sie bei dem 36 Tage alten Embryo nur noch 0,09 mm davon entfernt.

Somit ist die Stelle, wo die Augenanlage das Hirn verläßt, wegen der Scheitelkrümmung von der Rückfläche auf die Bauchseite erst sekundär verlagert und zugleich kaudal verschoben worden. Dadurch wird auch der Nervus opticus, worauf schon van Wijhe hinwies, zum zweiten Hirnnerven, obschon er anfänglich auf der dorsalen Seite vor dem beim erwachsenen Wirbeltier als ersten Hirnnerven gezählten Nervus olfactorius gelegen war. Das Infundibulum ist nämlich, wie schon von Baer (1) bestimmt behauptete, das anfänglich rostrale Ende des Hirnrohres. Wird es durch die Scheitelkrümmung auf die ventrale Seite umgebogen und dann kaudal geführt, so folgen ihm der N. opticus und der N. olfactorius, wodurch natürlich die Reihenfolge dieser beiden Nerven umgekehrt werden muß, wenn man sie an der Basis des fertigen Hirnes zählt.

§ 3. Die primäre Augenblase. Durch die Weiterentwicklung der symmetrischen, vorhin geschilderten Anlage entstehen seitliche Auswüchse, die nach den Untersuchungen Kupffer's (100) bei Petromyzon Planeri die Form zweier hohlen Blindschläuche annehmen und an der Seitenwand des

Vorderhirnes in die Höhe reichen. Fig. 7 stellt einen Schnitt durch die Blindschläuche *au* dar, deren Lichtung mit der Hirnhöhle *h* in offener Verbindung ist. Den horizontal gelagerten Teil der Ausstülpung nennt man den Augenstiel, den seitlich am Hirn in die Höhe ragenden die primäre Augenblase, deren Gestalt nicht bei allen Tieren die gleiche ist. Die Zellen der Ausstülpung sind in diesem Stadium noch gleich beschaffen, wenn sie auch bei der Weiterentwicklung wesentliche Verschiedenheiten untereinander aufweisen.

Die erste Anlage des Sehapparates ist beim Menschen an den Embryonen von 2,6 mm und 3 bis 3,5 mm Länge (Pfannenstiel und J. L. Bremer) bekannt geworden. Bach und Seefelder (216) geben Abbildungen der be-

Fig. 7.

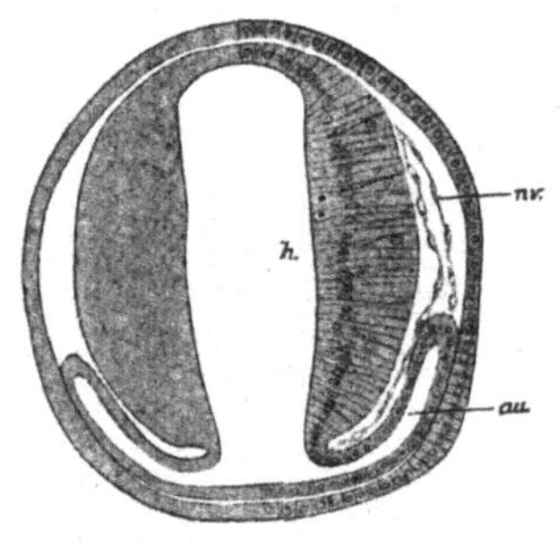

Schnitt durch den Kopf eines sechs Tage alten Embryos von Petromyzon Planeri. *au* Augenblase, *h* Hirn, *nv* Nerv. Zellen nur rechts eingezeichnet. (Nach Kupffer, Arch. f. mikrosk. Anat. Bd. 35, 1890.)

Fig. 8.

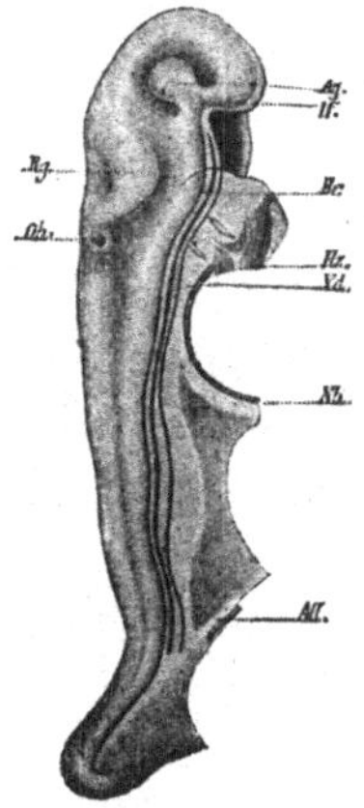

Profilrekonstruktion des Zentralnervensystems und der oberen zwei Drittel des Darmes vom 2,4 mm langen menschlichen Embryo L. *Ag* Augenblase, *All* Allantoisgang, *Rg* Rautengrube, *Oh* Gehörgrube, *Hz* Herz, *Vd* Vorderdarm, *Nb* Nabelblase. (Nach His, A. m. Embr.)

treffenden Stadien, die sich in den wesentlichen Merkmalen den Heape'schen Bildern vom Maulwurf anschließen. Vorher hatte His (67) einen Embryo beschrieben, der das Stadium der entwickelten primären Augenblase aufweist. Der betreffende menschliche Embryo (L) war ungefähr zwei Wochen alt und hatte eine Körperlänge von 2,44 mm. Die Profilrekonstruktion des Zentralnervensystems und der oberen zwei Darmdrittel ist in der beigegebenen Fig. 8 verkleinert nach dem Orginal (His, Tafel VI, Fig. 1 C) wiedergegeben. An dem unzerlegten Embryo waren äußerlich die Augenblasen nicht kenntlich. Sie erschienen erst auf den Querschnitten, wie dies auf derselben Tafel VI von His die Figuren 2 und 3 zeigen, als hornartig gebogene, hohle Verlängerungen des Vorderhirnbodens, die von der Seitenwand des Hirnes und dem Ektoderm durch einen beträchtlichen

Zwischenraum getrennt waren. In der beigegebenen Kopie der His'schen Rekonstruktion ist der Abstand der Augenblase von der Hirnwand durch Schattierung angedeutet, die Kommunikation der Augenblase mit der Hirnhöhle liegt ventral; von da erhebt sich die Augenblase frei apikal- und dorsalwärts.

An einem ungefähr 3 Wochen alten Embryo von 4 mm Körperlänge (Embryo *α* Tafel VII) ist wegen der aufgetretenen Nackenkrümmung die Stellung der Augenblasen zur Längsachse des Körpers verändert worden. Äußerlich nunmehr schon an der kreisförmig begrenzten Vortreibung von 0,35 mm Durchmesser kenntlich, münden sie noch in die Hirnhöhle (siehe die folgende Fig. 9b); ihre dem Ektoderm zugewandte Kuppe ist außen Fig. 9c ein wenig eingedrückt; das Ektoderm, obschon dies in der Zeichnung nicht besonders hervortritt, ist nach His' Angaben in dieser Gegend verdickt, so daß hierdurch die ersten Andeutungen für die Umgestaltung der primären Augenblase und das Auftreten der Linse gegeben wären.

Fig. 9.

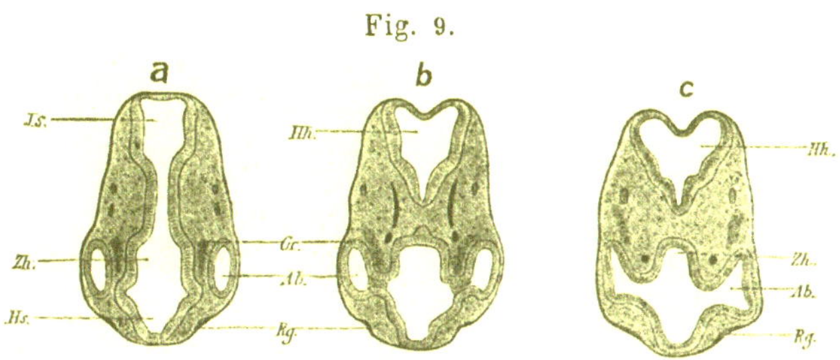

Drei Schnitte durch die Augengegend des 4 mm langen menschlichen Embryos *α*. *Ab* Augenblase, *Gc* Ganglion ciliare, *Hh* Hinterhirn, *Hs* Hemisphärenhirn, *Js* Isthmus des Hinterhirnes, *Rg* Riechgrube, *Zh* Zwischenhirn. (Nach His, Anatomie menschlicher Embryonen.)

Wo die Augenblase dorsal sich frei erhebt, wie an der Stelle, die in Fig. 9a im Schnitt getroffen wiedergegeben ist, da ist sie nicht eingedrückt und wird von unverändertem Epithel überzogen. Wir werden später zeigen können, daß die ventral gelegene, verdickte Stelle im Ektoderm den Ausgangspunkt der Linsenbildung abgibt.

§ 4. Die sekundäre Augenblase. Die primäre Augenblase erleidet somit, wie schon an diesen wenigen, vom Menschen bekannten frühen Stadien erkannt werden kann, im Laufe der Entwicklung eine solche Veränderung, daß sie mit dem Breitenwachstum des Kopfes einen länger ausgezogenen, vorläufig hohl bleibenden Stiel erhält; dabei wird ihre dem Ektoderm anliegende Kuppel eingebuchtet. In die zuerst lateral gelegene Partie der Einbuchtung rückt die Linsenanlage ein; die kaudale und mediale Verlängerung der lateralen Einbuchtung nimmt den Glaskörper auf. Der Glaskörperraum ist, wie die in Fig. 10 reproduzierte His'sche Abbildung zeigt, anfänglich ganz schmal und von vorn, oben, unten und den Seiten her, nicht aber von hinten zugänglich. Nach anderen Achsen geführte

Schnitte ergänzen das Bild in der Weise, daß zwischen Linse und Augenblase das Mesoderm mit dem übrigen Kopfmesoderm kontinuierlich zuzusammenhängt, daß aber hauptsächlich kaudal ein langgezogener Spalt den Zugang zu dem flach schalenförmigen, späteren Glaskörperraum vermittelt. Dieses ist der sogenannte Augenspalt. Mit seinem Auftreten ist die ursprüngliche »primäre« Augenblase in die »sekundäre Augenblase« umgewandelt worden.

Bei der Betrachtung der Fig. 10 wird man sich eines Zweifels kaum erwehren können, ob die Krümmungen, welche der Augenstiel zeigt, freilich auf beiden Seiten kommen sie vor, nicht etwas Abnormes seien. Aber die

Fig. 10.

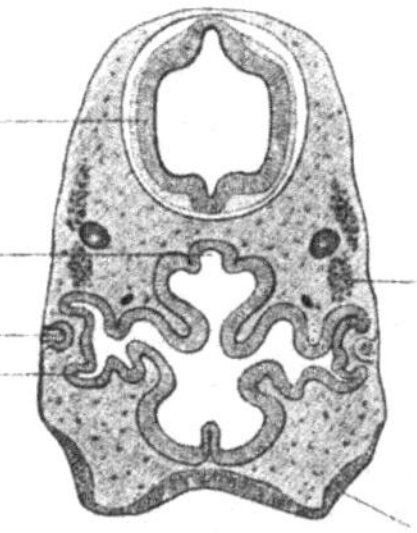

Hh
Hp
Ls
Ag
Gc
Rg

Schnitt durch einen menschlichen Embryo (His, Embryo A, 7,5 mm). *Ag* sekundäre Augenblase, *Ls* Linsenanlage, *Hp* Hypophysis, *Hh* Hinterhirn, *Gc* Ganglion ciliare, *Rg* Riechgrube.

Fig. 11.

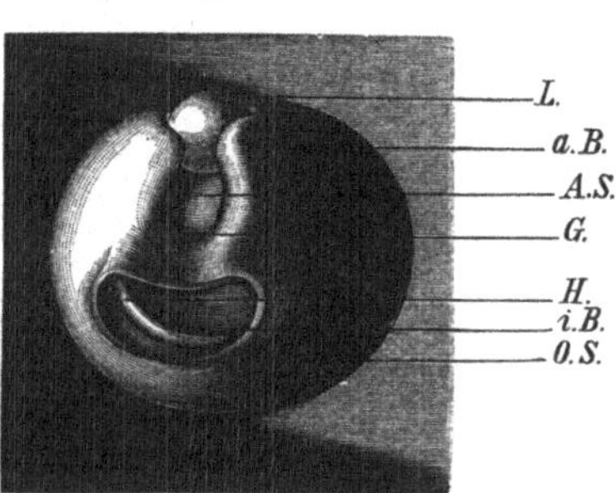

Schema der sekundären Augenblase mit Linse, Augenspalt und hohlem, kaudal rinnenförmig vertieftem Augenstiel. *L.* Linse, *a.B.* äußeres Blatt, *i.B.* inneres Blatt der sekundären Augenblase, *A.S.* Augenspalt, durch den sich die innere Höhle der sekundären Augenblase nach außen öffnet, *G.* der Glaskörperraum, *H.* die primäre Höhle der Augenblase oder die äußere Höhle des Doppelbechers, die durch den hohlen Augenstiel mit der Höhle des dritten Ventrikels in offener Verbindung steht, *O.S.* die Wand des hohlen Optikus (Augenstiel). Die kaudale Seite ist dem Beschauer zugewandt; sie müßte nach dem gewöhnlichen Gebrauch in der Zeichnung nach abwärts und nicht nach oben gerichtet sein. Dann fiele aber die Möglichkeit fort, diese Formverhältnisse darzustellen; der Optikusstiel *O.S.* ist dicht am Auge abgeschnitten.

von Bach und Seefelder (216) gegebene Fig. 2 der Tafel III, an der die Linsenbildung noch nicht so weit gediehen ist, zeigt, wenn auch in geringerem Grade solche Biegungen. Die His'sche Figur wird somit vorläufig ihre Stelle behaupten, da keine andere aus gleicher Zeit von gleichem Entwicklungsgrade an ihre Stelle gesetzt werden kann. Hier muß ganz besonders darauf hingewiesen werden, wie schwer es unter Umständen sein kann, über menschliches Material ein abschließendes Urteil zu gewinnen. Liegt nur ein einziges Objekt für ein gewisses Entwicklungsstadium vor, so wird es nicht wie bei den Tieren möglich sein, dieses Stadium nach Belieben oft zu gewinnen, um vergleichende Untersuchungen anzustellen und zu entscheiden, was normal, was krankhaft sei, oder gar auf Rechnung einer unzureichenden Erhaltung des Objektes gesetzt werden müsse.

Durch die Wirkung der Wachstumsvorgänge wird somit eine bedeutende Formveränderung an der primären Augenblase hervorgerufen. Hatte dieselbe noch kurz zuvor die retortenförmige Gestalt einer langgestielten, hohlen Beere, deren Innenraum durch die Höhlung des Stieles mit dem dritten Ventrikel in offener Verbindung stand, so ähnelt sie auf dem weiter vorgeschrittenen Stadium der sekundären Augenblase einem doppelwandigen Schöpflöffel mit hohlem Stiel, oder jenem Spielzeug, das unter dem Namen des Vexierbechers bekannt ist und in der äußeren, geschlossenen Höhlung die Flüssigkeit enthält, die man vergeblich aus der inneren, aber nach außen sich öffnenden Höhlung zu trinken versucht. Neben der schon von Anfang vorhandenen primären Höhlung ist durch die Einstülpung der vorderen und der kaudalen Wandpartie eine zweite sekundäre Höhlung entstanden, die sich bei den Säugetieren und dem Menschen sogar eine Strecke weit auf die kaudale Seite des Stieles fortsetzt.

Zur Erleichterung des Verständnisses für die Form der nicht ganz einfach gebauten sekundären Augenblase ist in Fig. 11 eine an das Manz-Ziegler'sche Modell sich anlehnende Zeichnung beigegeben. Dieselbe stellt eine doppelwandige, mit zwei Öffnungen versehene, kurzgestielte Hohlkugel dar. Die Öffnung *A.S.* führt von außen her in eine innere Höhle; die andere, tiefer gelegene Öffnung in die zwischen den Wandungen der Kugel befindliche äußere Höhle *H.*, die primäre Höhle der Augenblase. Die erste Öffnung wird durch die darin eingekeilte Linse verengt und stellt mit ihrem Rest *A.S.* den Augenspalt dar. Die zweite Öffnung, durch die man auf die äußere Fläche der inneren Kugelwandung und in den Raum zwischen äußerer und innerer Kugelwandung sieht, ist künstlich durch einen Querschnitt des noch hohlen Augenstieles entstanden, der an seiner kaudalen, in der Zeichnung dem Beschauer zugekehrten Wand rinnenartig vertieft ist. Die Höhle des Stieles ist aber nichts anderes als die Verbindungsstrecke der Hirn- und primären Augenblasenhöhle *H.* An den Rändern des Augenspaltes und entlang dem Äquator der Linse schlägt sich die Wand der äußeren Hohlkugel in die der inneren um. Würde man somit die primäre Augenblase sich in Gestalt einer dehnbaren Kugel vorstellen und sie durch einen gestielten Gummiballon ersetzen, so wäre die einfache Hohlkugel auf folgende Weise etwa in den Doppelbecher mit hohlem auf einer Seite eingedrücktem Stiel umzuwandeln. Man drückt eine Seite der Hohlkugel mit den gestreckten Fingern ein, legt den Vorderarm auf den Stiel und dehnt mit den Fingern die bis dahin durchgehend spaltförmige Höhle in der Tiefe weiter aus. Erstarrt dann das Modell und würde der hohle Stiel dicht am Übergang in die Kugel abgeschnitten, so wäre unsere Figur fertig. Durch diese Mechanik kann jedoch keine sekundäre Augenblase entstehen, da die Kräfte zu ihrer definitiven Ausgestaltung nicht allein von außen her wirken. Die Außenkräfte finden auch nicht wie an dem Gummimodell ein gefügiges Material vor, sondern bei der Umwandlung der primären in die sekundäre Augenblase wirken Kräfte gleichzeitig, die sowohl in den Zellen der Augenblase und des Ektoderms, als in denen des Kopfmesoderms gelegen sind. Das sieht man deutlich an solchen Embryonen wie denen von Amphiuma, wo die primäre Augenblase sich in die sekundäre umwandelt, ehe auch nur eine Spur von Linsenanlage im Ektoderm zu erkennen ist.

Zu der Fig. 11 zurückkehrend würde noch zu bemerken sein, daß in der Natur die dem Beschauer zugewandte Seite mit der Öffnung *A. S.* kaudal, der freie Linsenpol um diese Zeit lateral gelegen ist, und daß die Fortsetzung des angeschnittenen Optikusstieles medial verläuft. Die ganze Kugel würde man die sekundäre Augenblase nennen, ihre beiden Wandungen das äußere Blatt und das innere Blatt der sekundären Augenblase. Die Öffnung *A. S.* trägt den Namen Augenspalt. Ich möchte weiterhin vorschlagen, die Höhle der Augenblase, welche mit dem Hirn kommuniziert, weil sie die anfänglich vorhandene ist, die primäre Höhle der Augenblase zu nennen, und die andere, zur Aufnahme der Linse und des Glaskörpers bestimmte, erst sekundär entstandene Höhle, die sekundäre Höhle der Augenblase.

Geht die Entwicklung der Augenblase weiter, so bleiben ihre anfänglich in einfacher Lage angeordneten Zellen nicht mehr gleichartig; man kann das innere und das äußere Blatt der sekundären Augenblase nicht allein der Lage nach, sondern auch an den Eigentümlichkeiten der Zellen unterscheiden. Zuerst wird das innere Blatt durch Teilung und Wachstum verdickt und das äußere Blatt zu derselben Zeit durch einfache Dehnung stark verdünnt.

Der Grad dieser Veränderung ist nicht bei allen Wirbeltieren gleichmäßig ausgebildet. Die größten Unterschiede in der Dicke beider Wandungen zeigen eine Zeitlang die Knochenfische, bei denen das äußere Blatt der sekundären Augenblase so stark gedehnt wird, daß seine Zellen wie Endothelien abgeplattet erscheinen. Aber auch die übrigen Wirbeltiere lassen den Unterschied sehr bald erkennen. Man vergleiche dazu die Abbildungen 22 und 23 vom Huhn. In dem jüngeren Stadium sind die Wände der sekundären Augenblase gleich dick, an dem weiter entwickelten ist das innere Blatt verdickt, das äußere dagegen verdünnt. Fig. 12 von einem Mäuseembryo zeigt, wie die Zellvermehrung in beiden Blättern weiter geht; wie sie im inneren Blatt auf die der primären Höhle zugewandte Seite sich beschränkt und neben der Flächenvergrößerung, die der des äußeren Blattes adäquat sein muß, auch eine Dickenzunahme erzeugt.

Nach M. Schultze (38) mißt beim Hühnchen am Ende des zweiten bzw. am Ende des dritten Tages das äußere Blatt 0,022 bzw. 0,019 mm, das innere Blatt 0,038 bzw. 0,040 mm im Dickendurchmesser.

Kölliker (28) gibt für einen vierwöchentlichen menschlichen Embryo 0,05 mm als Dicke des äußeren Blattes und 0,1 mm als Dicke des inneren Blattes an.

Das Wachstum bringt eine Reihe von Erscheinungen hervor und ist von anderen begleitet, wodurch die Form der sekundären Augenblase wiederum wesentlich umgeändert wird.

Die Höhle der primären Augenblase wird immer mehr und mehr eingeengt, so daß beide Blätter bis zur Berührung genähert werden. Gegen die Linse wächst der freie Rand der Blase stärker vor; der Glaskörperraum vertieft und erweitert sich und, was das Bemerkenswerteste ist, der Augenspalt schließt sich bei den Säugetieren im Niveau der äußeren Begrenzung mit völligem Schwund jeder Marke seines einstigen Bestehens. In Hühnerembryonen verstreicht die vorher sichtbare weiße Naht vom neunten Tage an, beim Menschen in der sechsten bis siebenten Woche. Bei Fischen, Reptilien und Vögeln richten sich die vorher klaffenden Ränder des Augenspaltes auf und wachsen gegen das Augeninnere vor, um die Campanula oder das Pekten zu erzeugen.

Fig. 12.

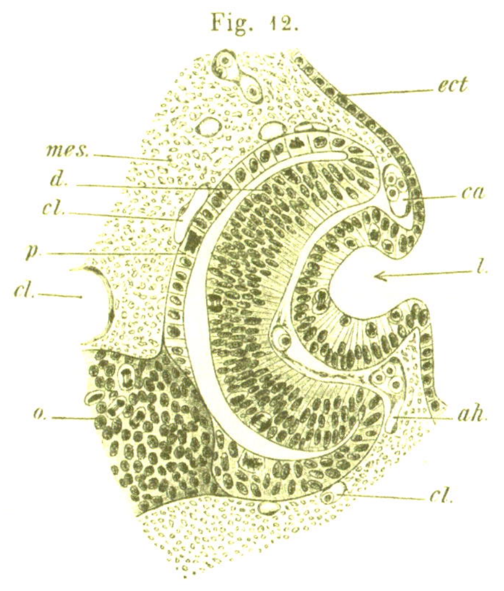

Schnitt durch die Augenanlage eines 6 mm langen Mäuseembryos. *ect.* Ektoderm, *ca.* Gefäß in der Gegend der künftigen Iris, *l.* Linsengrube, *ah.* Glaskörpergefäß, *cl.* Gefäße im Mesoderm an der Wand der Augenblase, *mes.* Mesoderm, *d.* distale und *p.* proximale Wand der sekundären Augenblase, *o.* Optikusstiel, seitlich und im Längsschnitt getroffen. (Vergr. Leitz, Syst. 5, Ok. 2.)

Die nunmehr folgenden Veränderungen der sekundären Augenblase nach Schluß des Augenspalts lassen im Augenhintergrunde aus dem inneren Blatte alle Schichten der Retina entstehen, mit Ausnahme der Pigmentschicht, die aus dem äußeren Blatte hervorgeht. Durch späterhin am vorderen Rande auftretendes Flächenwachstum gerät die Augenblase über den Äquator der Linse bis auf deren vordere Fläche. Diese vordere Zone nimmt in einer später noch besonders zu besprechenden Weise an dem Aufbau des Corpus ciliare und der Iris teil.

§ 5. Die Entwicklung des inneren Blattes der sekundären Augenblase zu den inneren Schichten der Retina. Das Wachstum des inneren Blattes der sekundären Augenblase wird durch Zellvermehrung, durch Zellverschiebung und durch Veränderungen der Gestalt und Größe der Zellen bedingt. Die Zellvermehrung erfolgt auf dem Wege der mitotischen Teilung, und zwar liegen die teilungsfähigen Zellen nach Altmann's (82) Entdeckung, wie bei allen embryonalen Hohlorganen, dem Lumen der Augenblase an. Die Schicht von Zellen, welche der späteren Lage der äußeren Körnerschicht entspricht, ist also vorzugsweise die Keimschicht der Retina. Von hier aus gleiten die Zellen in ziemlich radiär gestellten Säulen nach der Richtung des Glaskörperraumes vor, so daß die spätere Ganglienzellenschicht der Retina die älteste Tochtergeneration jener außen gelegenen Keimschicht darstellt (vgl. Fig. 12). Man findet auch gelegentlich Mitosen in anderen Schichten als der Keimschicht; sie sind aber an Zahl gering. Stellt man sich vor, die ersten Teilungen führten zur Differenzierung der einzelnen Schichten, so werden die in den Schichten auftretenden Mitosen zur sekundären Vermehrung ihrer Zellen ohne weitere funktionelle Differenzierung führen. So hört ja auch in der Epidermis, im Epithel des Darmes von einer gewissen Zeit die Zellvermehrung von der Oberfläche her auf; sie bleibt aber später noch, wenn die differenzierenden Vorgänge längst abgelaufen sind, der tiefsten Schicht erhalten. Hier würde also wiederum differenzierende Teilung der additionellen voraufgehen, wie ich dies für die Zellteilungen überhaupt in meiner Abhandlung »Zur Differenzierung des Geschlechts im Tierreich« angenommen habe, und wofür im Laufe der Zeit durch eine Reihe von Beobachtungen weitere augenfällige Beweise geliefert worden sind.

Ist die Zahl der Zellen in jedem Radius des hinteren Augenabschnittes auf etwa sieben bis acht gestiegen, so werden die Kerne in den dem Glaskörper zugewandten Zellen rundlich und zugleich chromatinärmer. Die Zellen sind noch nicht vergrößert, aber sie treiben Fortsätze, die, gegen den zurzeit noch hohen Optikusstiel gerichtet, die Anfänge der Faserentwicklung im N. opticus darstellen. Diese Formveränderung der innersten Zellenlage der Augenblase ist die Einleitung zur Bildung der Nervenfaser- und der Ganglienzellenschicht. Sie schreitet, wie alle weiteren Entwicklungsvorgänge der einzelnen Retinaschichten vom hinteren Pole nach vorn fast regelmäßig weiter vor. Späterhin wächst der Kern und der Zelleib dieser Zellen, und dann ist auch der gegen die innere granulierte Schicht gewandte, verästelte Fortsatz der Ganglienzellen deutlich geworden (vgl. Fig. 13).

Über das erste Auftreten zentrifugal gerichteter Fasern in der Retina, die beim Erwachsenen vom Hirn aus in der Bahn des Nervus opticus verlaufen, ist bis jetzt nichts Sicheres festgestellt worden.

Schon bevor die Ganglienzellen als solche erkannt werden können, erscheint ein dünnes, feines Lager reichlich anastomosierender Nervenfasern, die als innerste Schicht der Retina in die Bahn des Nervus opticus eintreten und zuerst wiederum nur am hinteren Pole des Auges sich entwickeln. Die Fasern des N. opticus dringen weiter als bis zur Ganglienzellenschicht in die Retina ein. Sie sind nicht allein die Fortsätze der Ganglienzellen, sondern auch von Zellen, die in der späteren inneren Körnerschicht gelegen sind. Dies hat MALL (116) von Necturus überzeugend nachgewiesen; es ist auch nach den Befunden an der Retina erwachsener Wirbeltiere, wie es DOGIEL, RAMON Y CAJAL und TARTUFERI beschreiben, nicht anders zu erwarten.

Die nächst ausgebildete Schicht ist die innere granulierte Schicht. Durch ihre Entfaltung wird mit fortschreitender Entwicklung, die wie immer am hinteren Augenpol beginnt, die Ganglienzellenschicht von der inneren Körnerschicht mehr und mehr abgedrängt. So ist die innere granulierte Schicht

Fig. 13.

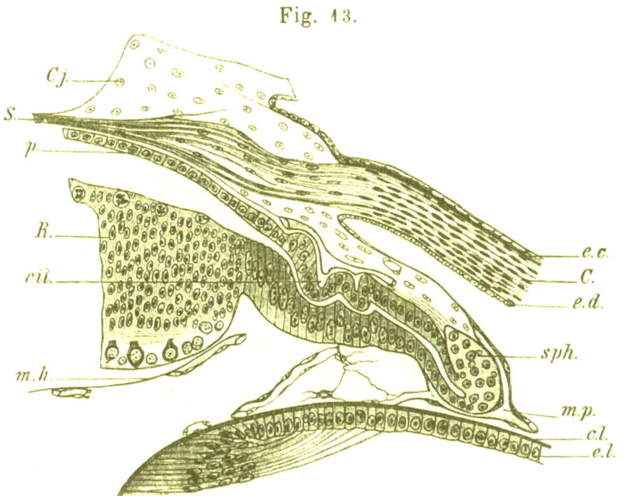

Teil eines Schnittes durch die vordere Hälfte des in FLEMMING'scher Flüssigkeit gehärteten Auges einer zwei Tage alten weißen Maus.
Cj. Konjunktiva, *ec.* Epithel der Kornea, *C.* Substantia propria corneae, *ed.* Epithel der DESCEMET'schen Membran, *sph.* Anlage des M. sphincter pupillae, *mp.* Membrana pupillaris (in ihr Anastomosen von Glaskörper- und Irisgefäßen), *cl.* die kutikulare Linsenkapsel, *el.* vorderes Epithel der Linse, *mh.* Grenzkontur des abgehobenen Glaskörpers, *cil.* Anlage der Ziliarfortsätze mit den zugehörigen Gefäßen, *R.* Retina *p.* Pigmentschicht, *S.* Sklera und Chorioidea. (Vergr. LEITZ, 5, Ok. 0.)

an korrespondierenden Stellen des Augengrundes gemessen bei einer zwei Tage alten Maus 0,02 mm, bei der zehntägigen 0,035 mm, bei der erwachsenen Maus 0,05 mm dick.

Hat die innere granulierte Schicht eine deutliche meßbare Dicke erreicht, so werden die Zellen der inneren Körnerschicht chromatinärmer in den Kernen, und nach kurzer Zeit werden auch die Fortsätze dieser Ganglienzellen leicht nachweisbar.

Die nächste Entfaltung der Retina betrifft die äußere granulierte Schicht; zuletzt erst werden Stäbchen und Zapfen gebildet.

Die Vorstellungen über die Ableitung der einzelnen Lagen der Retina von den embryonalen einfachen Schichten haben im Laufe der Zeit viele Wandlungen durchlaufen müssen.

Huschke (4) und Schöler (18) lassen aus dem äußeren Blatte der sekundären Augenblase die Schicht der Stäbchen und Zapfen entstehen, Remak (26) die ganze Chorioides, Hensen (36), Babuchin (35) und Kölliker (28) die Pigmentschicht der Retina. Damit war die Kontroverse jedoch noch nicht erschöpft. Denn Hensen behauptete gegen Babuchin und M. Schultze, die Stäbchen und Zapfen entständen mit der Pigmentschicht der Retina zusammen und verbänden sich erst später mit den übrigen aus dem inneren Blatte der sekundären Augenblase hervorgegangenen Schichten der Retina. M. Schultze (38), Schenk (39), Foster und Balfour (53) und N. Lieberkühn (62) dagegen bestätigten die Angaben Kölliker's und Babuchin's, daß die Stäbchen und Zapfen aus der äußeren Körnerschicht der Retina hervor- und in die Pigmentschicht erst hineinwachsen, nicht in ihr entstehen.

M. Schultze stellte sodann fest, daß blindgeborene Tiere, wie Katzen und Kaninchen, post partum noch keine Stäbchen und Zapfen besitzen. Erst am vierten Tage nach der Geburt erschienen bei der Katze, als erste Andeutungen derselben, kleine dichtstehende Höcker auf der bis dahin völlig glatten Membrana limitans externa. Am achten bis neunten Tage, kurz vor Eröffnung der Lidspalte, maßen bei der neugeborenen Katze die Außenglieder der Stäbchen 4 μ, bestehend aus vier oder fünf Plättchen von ungefähr 0,8 μ, während dieselben Abschnitte der Stäbchen bei der noch nicht ganz erwachsenen Katze 17 μ messen und aus 20 bis 22 Plättchen von gleicher Dicke bestehen. Die Außenglieder wachsen also durch Vermehrung ihrer Plättchen. Dieselben Erscheinungen werden am Kaninchen gefunden; sie sind leicht bei Forellen- oder Lachsbrut zu bestätigen, wie ich aus eigener Erfahrung versichern kann. Am 11. Dezember 1882 befruchtete Eier von Trutta fario, die bei 7° C ausgebrütet wurden, zeigten am 4. Februar 1883, also nach acht Wochen, in der Retina noch keine Stäbchen und Zapfen unter der Pigmentschicht. Am 6. Februar begann die Schichtung der Retina in den radiär gestellten Zellsäulen deutlich zu werden; die ersten Spuren der Zapfenschicht erschienen. Die Außenglieder wuchsen durch Vermehrung der Plättchen. Versuche, durch plötzlich einfallendes Licht die Forellchen aufzuscheuchen, schlugen bis zum 27. Februar fehl und konnten erst vom 6. März 1883 an mit Erfolg angestellt werden. Die Bedeutung derartiger Versuche für die Bestimmung des peripheren Ortes der Lichtempfindung darf vorläufig nicht zu hoch angeschlagen werden, da zuvor genauere Untersuchungen über die weiter zentral gelegenen Stellen des Sehapparates, Ganglienzellen und Leitungsbahnen im Thalamus opticus, an der Hirnrinde vorliegen müßten. Sie beweisen nur soviel, daß vor dem Eintritt der Lichtempfindung die Stäbchen und Zapfen ausgebildet sein müssen.

Die Entwicklung der Stäbchen und Zapfen beginnt beim Menschen nach den Untersuchungen von Falchi (91) an 21,5 cm langen Embryonen.

Das Stützgewebe der Retina entwickelt sich, wie His dies für das zentrale Nervensystem überhaupt nachgewiesen hat, aus demselben Keimlager, das auch den nervösen Zellen mit ihren Fortsätzen den Ursprung gibt, und wird später, wenn die Blutgefäße in die Retina eindringen, aus Mesodermelementen verstärkt. Nach Mall's Untersuchungen an Amblystoma sind sogar die Spongioblasten die zuerst in der embryonalen Retina differenzierten Elemente, die späterhin zu den Müller'schen Radiärfasern auswachsen, und durch deren Verschmelzung an den beiden freien Flächen der Retina die Membrana limitans interna und externa hervorgehen. Später dringen mit den Blutgefäßen auch Elemente des Mesoderms in die unpigmentierten Schichten der Retina ein.

§ 6. Die Entwicklung des äußeren Blattes der sekundären Augenblase zur Pigmentschicht der Retina. Zur Pigmentschicht der Retina entwickelt sich das äußere Blatt der sekundären Augenblase. Während das innere Blatt oft schon vor der Linseneinstülpung, so zum Beispiel bei Amblystoma, verdickt ist, ist das äußere Blatt um diese Zeit bedeutend abgeflacht; bei anderen Tieren tritt dieser Zeitpunkt, so bei den Säugetieren, erst später ein. Bei Knochenfischen erreicht die Abflachung einen solchen Grad, daß man eine Zeitlang ein Endothel vor sich zu haben glaubt. Das gilt beispielsweise von dem 25 Tage alten Lachsembryo. Es hat somit bis dahin nur eine Dehnung, aber keine Zellenvermehrung in der Anlage der Retinapigmentschicht Platz gegriffen.

Erst später vermehren sich die Zellen der Pigmentschicht durch indirekte Teilung und bilden bei den meisten Wirbeltieren von ihrer inneren, der Chorioides abgewandten Fläche aus Pigment (Fig. 14), das sich allmählich, wie Fig. 15 zeigt, über die ganze Zelle erstreckt und nur den Kern freiläßt. Gerade das erste Auftreten des Pigments in dem Stratum pigmentosum der Retina zeigt deutlich, wie weit wir zurzeit noch von einer Erklärung dieses Vorganges entfernt sind. Nach Kessler (57) zeigt sich beim Huhn das Pigment zuerst an der Außenfläche der Zellen, es dringt also in umgekehrter Richtung wie bei den Säugern vor. Die Sache wird nicht klarer, wenn man in dogmatischer Weise über derartige Vorgänge viel zu reden versucht. Sie sind vorläufig nur zu registrieren, nicht aber zu erklären.

Übrigens hat Seefelder (215) bei 6,5 mm langen menschlichen Embryonen das erste Pigment in der Nähe des dorsalen Umschlagrandes sowohl in der basalen als in der freien Hälfte der Zellen gefunden. Die Pigmentierung war bei einem 8,6 mm langen menschlichen Embryo auch oral überall zu finden; sie schreitet somit von der oberen Seite des vorderen Poles des äußeren Blattes der sekundären Augenblase gegen den Sehnerven und die untere Hälfte des Blattes vor. Lauber (204) schildert diese Verhältnisse beim 7 mm S.S. langen menschlichen Embryo nicht in derselben Weise; es müssen also wohl Verschiedenheiten in der Folge der Entwicklungsstadien vorkommen.

A. v. Szily (219) leitet die Pigmentkörnchen und -stäbchen vom Chromatin der Zellen direkt ab.

Die Pigmentkörnchen wachsen, wie Fig. 15 von der Retina eines viermonatigen menschlichen Embryos erläutert, sei es, daß die anfänglich kleinen sich vereinigen oder jedes für sich vergrößert wird. Sobald die Stäbchen- und Zapfenschicht erscheint, treiben die Pigmentzellen der Retina

Fig. 14.

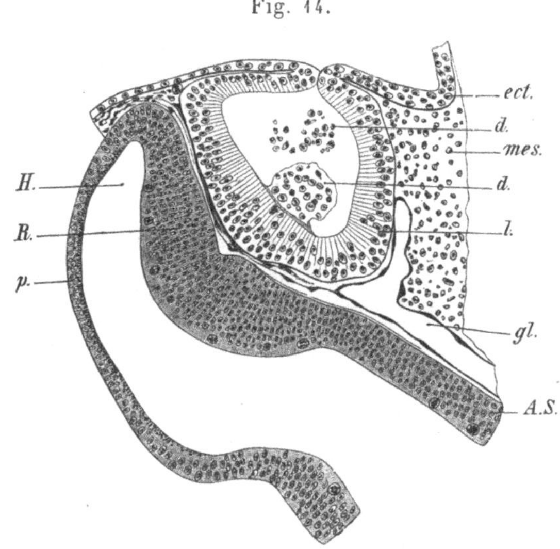

Schnitt in der Richtung der Augenspalte durch das Auge eines 11 Tage 17 Stunden alten Kaninchenembryos. *A.S.* Augenstiel, *d.* vergängliche Zellen der Linsenanlage, *ect.* Ektoderm, *gl.* Glaskörpergefäß, *H.* die eingebuchtete primäre Höhle der Augenblase, *l.* Linsensäckchen, *mes.* Mesoderm, *p.* Pigmentschicht der Retina mit Beginn der Pigmentablagerung auf der Seite der primären Augenblasenhöhle, *R.* Anlage der Retina.

Fortsätze, während sie vorher glatt der Membrana limitans externa anlagen. Die Höhe der Zellen nimmt beträchtlich zu, und bald kann man auch unter dem Einflusse des Lichtes an lebenden Tieren die bekannte Pigmentwanderung nachweisen, wodurch im Hellen die Stäbchen bedeckt, im Dunkeln befreit werden. Gegen Ende Februar ist das Experiment an junger Lachsbrut schon mit gutem Erfolge anzustellen.

In Fig. 16 ist der Entwicklungsgrad der in Osmiumsäure erhärteten Retina eines vortrefflich erhaltenen, viermonatigen menschlichen Embryos abgebildet. Die Nervenfaser-, Ganglienzellen- und innere granulierte Schicht sind deutlich zu erkennen, ebenso die noch glatte Pigmentschicht. Die übrigen Teile der Retina sind noch nicht differenziert.

Vergleicht man Fig. 14 und 25 mit Bezug auf das Fortschreiten der Pigmentierung in dem äußeren Blatt der sekundären Augenblase, so ist, was KÖLLIKER für den Menschen schon feststellte, ein Fortschreiten von der vorderen Augenhälfte nach hinten zu erkennen. Beim Schaf und Huhn erstreckt sich die Pigmentierung nach A. UCKE eine Zeitlang auch auf den Augenstiel, geht aber an dieser Stelle später wieder zurück und schneidet alsdann mit der Übergangsstelle des N. opticus in die Retina scharf ab[1]).

Fig. 15.

Pigmentepithelzellen der Retina eines viermonatigen menschlichen Embryos. (LEITZ, h. Immers. 1/16. Ok. 2.)

Fig. 16.

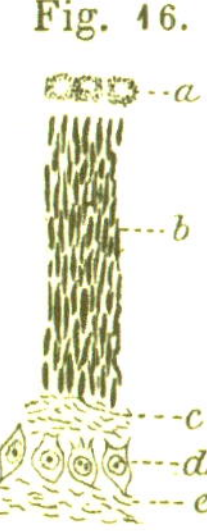

Senkrechter Schnitt durch die in 1 prozentiger Osmiumsäure direkt nach dem Tode konservierte Retina eines viermonatigen menschlichen Embryos.
a Pigmentschicht der Retina, *b* Zellen der unentwickelten Schichten der Retina, *c* innere granulierte Schicht, *d* Ganglienzellenschicht, *e* Nervenfaserschicht.

Die Entwicklung der sekundären Augenblase geht nun nicht an allen Punkten des Augenhintergrundes gleichmäßig vor sich. Erwähnt wurde schon das allmähliche Vorrücken der Differenzierung vom hinteren Augenpol nach vorn zu. Aber auf diesem Wege bedarf noch die Gegend der Macula lutea oder, allgemein auch für die Tiere gültig, die Gegend der Fovea centralis besonderer Betrachtung. Der vordere Saum der fertigen Retina, die Gegend der Ora serrata, entwickelt aus dem inneren Blatte der sekundären Augenblase keine konzentrische Schichtenfolge, ist somit als eine Bildungshemmung aufzufassen.

§ 7. **Die Fovea centralis.** Die Fovea centralis retinae ist nach CHIEVITZ' (99) Untersuchungen kein Rest der Augenblasenspalte, wie man früher wohl angenommen hat. Sie sitzt bei der Saatkrähe (Corvus frugilegus) 2 mm nach oben und vorn vom Pekten und entsteht bei den Wirbeltieren überhaupt durch das Zusammenwirken zweier Momente: die Erhaltung einer mächtigen Ganglienzellenschicht, wie sie zu einer gewissen Zeit der Entwicklung in der ganzen Retina sich findet, und durch die Dickenabnahme und gleichzeitige Verringerung der Zahl der Schichten im Zentrum der Fovea.

1) Die beiden Figuren 14 und 25 stammen zwar von verschiedenen Tieren, doch zeigt der Zustand der Linse und des Glaskörpers, daß 25 viel weiter entwickelt ist als 14.

Dort tritt auch zuerst die Bildung der perzipierenden Elemente auf; die Entwicklung der Zapfen und Stäbchen schreitet von der Fovea aus peripher weiter.

Erscheinen Stäbchen und Zapfen an einer bestimmten Stelle der Retina, so hört das Flächenwachstum von der betreffenden Stelle aus auf. Die Zahl der Ganglienzellen bleibt, wie schon erwähnt, von einer gewissen Zeit an konstant, während die Zahl der inneren und äußeren Körnerzellen sich noch vermehrt. Die Verringerung der Ganglienzellen in der Raumeinheit hat aber den Zweck, dem Wachstum der äußeren Schichten durch Auseinanderrücken der Zellen in der Ganglienzellenschicht zu folgen. Da aber die Entwicklung der Fovea durch das frühzeitige Erscheinen der Zapfen der übrigen Retina voraufeilt, so nimmt sie an dem weiteren Flächenwachstum derselben nicht teil; das heißt, die Zahl ihrer Ganglienzellen bleibt konstant, während sie sonst auf der ursprünglich vorhandenen Fläche abnimmt.

In der Macula lutea tritt nur zentral, nicht peripher eine Verlagerung der Ganglienzellen ein. Die eigentliche Fovea hat gar keine Ganglienzellen, die Area selbst dagegen die ursprüngliche Zahl von sechs übereinander geschichteten Ganglienzellen.

§ 8. Lageverschiebungen der Augenblasen. Beide Augenblasen liegen anfänglich in einer Querebene. Die Kommunikation der Hirnhöhle mit der primären Höhle beider Augenblasen ist an einem einzigen Querschnitt durch junge Embryonen zu demonstrieren. Später gehört eine Reihe von Querschnitten dazu. Beim Lachs rückt nämlich der Augenstiel alsbald kaudal; diese Verschiebung erwähnt Kollmann (137) beim menschlichen Embryo nicht. Es erfolgt aber bei allen Tieren und beim Menschen späterhin eine Vorwärtsverschiebung des Optikus und eine nasalwärts gerichtete Wanderung der Augen, die beim Menschen den höchsten Grad erreicht. Einen komplizierten Wanderungsprozeß machen die Augen der Plattfische durch. Beim Menschen ist nach Kollmann neben dem nasenwärts gerichteten Vorwärtsgleiten der Augenblasen auch ein Vorrücken nach unten festzustellen. Sie liegen im ersten Monat dem Zwischenhirn an, am Ende des zweiten Monats aber dem Rhinencephalon.

§ 9. Die Entwicklung der Nervenfasern im N. opticus. Die Entwicklung des soliden Nervus opticus hat den älteren Embryologen nicht geringe Schwierigkeiten bereitet, die erst durch His beseitigt wurden. Es wandelt sich nämlich der hohle Augenstiel nicht in den soliden Nerven dadurch um, daß die Zellen des Stieles die Fasern liefern. Der Augenstiel wird vielmehr nur als Leitbahn benutzt, auf der die Optikusfasern vordringen. Die Nerven sind, wie His gezeigt hat, faserige Auswüchse der

Ganglienzellen; es fragt sich daher, ob im N. opticus Fortsätze der zentralen Ganglien des Sehapparates oder Fortsätze der Retinaganglienzellen oder beide Arten zugleich vorkommen. Nach His sind bei menschlichen Embryonen von etwa fünf Wochen (13 mm Länge) die ersten Optikusfasern sichtbar, die von den Zellen der Ganglienzellenschicht ihren Ausgang nehmen. Ramon y Cajal wies bei zehntägigen Hühnerembryonen und bei erwachsenen Vögeln sowohl zentrifugal als zentripetal gerichtete Nervenfasern in der Retina nach und schließt daraus, daß der N. opticus aus beiden Faserarten zusammengesetzt sei, daß also Nervenfasern von Zellen der Retina zum Hirn und umgekehrt von Ganglienzellen des Hirns zur Retina in der Bahn des N. opticus vorwachsen.

Für eine Reihe von Wirbeltierklassen ist es bis jetzt gelungen, die Anfänge der Nervenfaserbildung im peripheren Teile des N. opticus aufzufinden, so daß unzweifelhaft die zentripetalen Fasern zuerst angelegt werden und die Anschauung W. Müllers (48) demgemäß zu Recht besteht.

Nach Keibel (98) erscheinen bei Embryonen von Lacerta muralis und Tropidonotus natrix die ersten Sehnervenfasern peripher, so daß sie wenigstens bei Reptilien zentripetal wachsen und wahrscheinlich aus der Retina hervorgehen, wenn ihr Ursprung dort auch nicht direkt nachgewiesen werden konnte. Dasselbe hat dann später, aber unabhängig, Froriep für die Selachier nachgewiesen.

Schaper hat auf experimentellem Wege feststellen können, daß ein großer Teil der Optikusfasern zentripetal auswächst. An einer jungen Amphibienlarve war vor der Ausbildung der Optikusfasern das Gehirn entfernt worden; nach einiger Zeit enthielt der Stamm des N. opticus Nervenfasern, die von der Retina ausgingen und sich zwischen dem Zelldetritus in der Region des Diencephalon verloren.

Bei 29 Tage alten Embryonen vom Lachs konnte ich an einem Präparate deutlich nachweisen, daß auch hier peripher am Augenstiele schon Fasern vorhanden sind, wenn der zentrale Teil noch keine Nervenfasern enthält.

Dasselbe gelang auch an einem 8 mm langen Embryo von Vespertilio murinus. Der Augenstiel war noch hohl und erstreckte sich durch 32 Sagittalschnitte zwischen Hirn und Auge. In den 20 lateralen Schnitten waren ventral Optikusfasern vorhanden, die allmählich an Zahl abnahmen; in den 12 medialen Schnitten fehlten die Fasern.

Mit der Bezeichnung lateral ist der periphere Teil, medial der zentrale Teil des in den Sagittalschnitten quergetroffenen Augenstieles gemeint, da bei den Tieren und auch anfänglich bei menschlichen Embryonen die Augen seitlich am Kopfe sitzen. Was den ersten Schnitt anlangt, so liegt er so nahe dem Auge, daß in der apikalen Wand die auf der Seite der Stielhöhle in den Zellen gelegenen Pigmentkörner noch getroffen sind. In der oralen Wand haben gruppenweise geordnete Nervenfaserbündel *b* die Zellenkerne gegen das Lumen des Stieles *d* gedrängt. Im zweiten, weiter hirnwärts gelegenen Querschnitt ist die Höhle *d* verkleinert, in der apikalen Wand liegt noch eine Mitose; die Zellen der oralen Wand enthalten die Gruppen der Nervenfasern; weiter hirnwärts fehlen die Nerven in den Querschnitten. Schnitt II der Fig. 17 zeigt übrigens, wie die ursprünglichen Zellen des Stieles nach Art der Neuroglia zwischen die einzelnen Nervenfaserbündel eingeschoben werden. Beim 8 mm langen Embryo von Vespertilio murinus ist auch das Chiasma vorhanden; bei 9 mm langem Embryo sind die Optikusfasern im ganzen Verlauf zu anastomosierenden Bündeln geordnet und durch die gewucherten Epithelien des Augenstieles getrennt. Ein 11 mm langer Embryo zeigte die Fasermasse des Chiasmas bedeutend vermehrt und die Kreuzung derselben in einzelnen Bündeln.

Fig. 17.

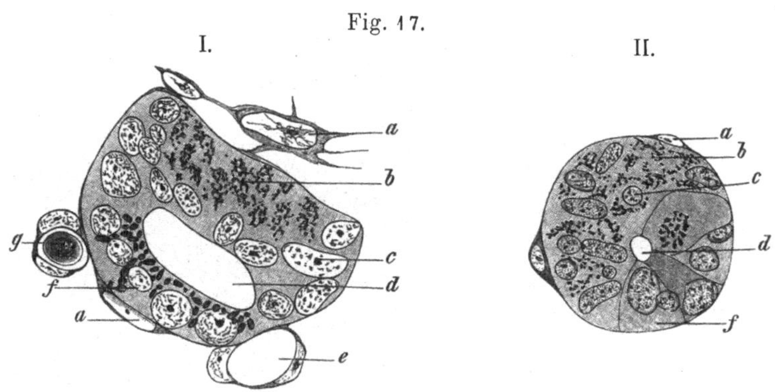

I. und II. Querschnitte durch den Optikus eines 8 mm langen Embryos von Vespertilio murinus. I. nahe dem Auge, II. weiter hirnwärts.
a Mesodermzellen, *b* Nervenfasern in der oralen Wand des Optikusstieles, *c* Zellen der oralen, *f* Zellen der apikalen Wand des Optikusstieles, *d* Höhle des Optikusstieles, *e* Blutgefäß, *g* kernhaltiges rotes Blutkörperchen in einem Gefäß.
(Vergr. Leitz, homog. Immers. $1/_{16}$, Ok. 2.)

Das geschilderte Verhalten ist an den in Fig. 17 abgebildeten Schnitten in seiner Verschiedenheit dicht am Auge (I) und weiter davon entfernt (II), soweit es sich auf den Nervenfasern enthaltenden Teil des Augenstieles bezieht, zu erkennen. Ein noch weiter in der Nähe des Hirns gelegener Querschnitt des Augenstieles ist nicht abgebildet worden, da er um diese Zeit doch keine Nervenfasern enthält.

Wann die zentrifugal gerichteten Fasern im Optikus auftreten, läßt sich vorläufig nicht bestimmen.

Die Entwicklung des N. opticus geht somit entlang dem anfangs hohlen Augenstiele in folgender Weise vor sich. Glaskörperwärts gerichtete Zellfortsätze der Ganglienzellen der Retina drängen sich oral in der Gegend des Augenspaltes in die orale Zone des Augenstieles und wachsen hirnwärts weiter. Sind die Fasern an der Basis des Hirns bis in die rostrale Gegend der Hypophysis angelangt, so verlassen sie die vorher benutzte Bahn und bilden in verschiedener Weise bei den einzelnen Wirbeltierklassen und -arten das Chiasma nervi optici. Das Chiasma entsteht also später als der N. opticus, ebenso die Einstrahlungen in das Hirn nach der Kreuzung. Vom hinteren Pole des Auges schreitet die Faserbildung der Ganglienzellen nach vorn zu vor; die neugebildeten Fasern ziehen ebenfalls zum Augenstiel, dessen Höhle sie zum Schwund bringen und den sie alsbald auch apikal durchsetzen. Beim Menschen ist die Höhle des Augenstieles im dritten Embryonalmonat völlig geschwunden. Die zuerst um ein Lumen epithelartig angeordneten Zellen des Augenstieles vermehren sich und legen sich als trennendes Zwischengewebe zwischen die einzelnen Nervenfaserbündel. Da dies bei den Säugetieren früher eintritt als bei den übrigen Wirbeltieren, — namentlich bei Knochenfischen ist der Unterschied sehr augenfällig —, so ist dadurch vielleicht die Verschiedenheit der Kreuzung im Chiasma zu erklären, die bei Säugetieren in einzelnen Bündeln, bei Fischen in toto erfolgt.

Fig. 18.

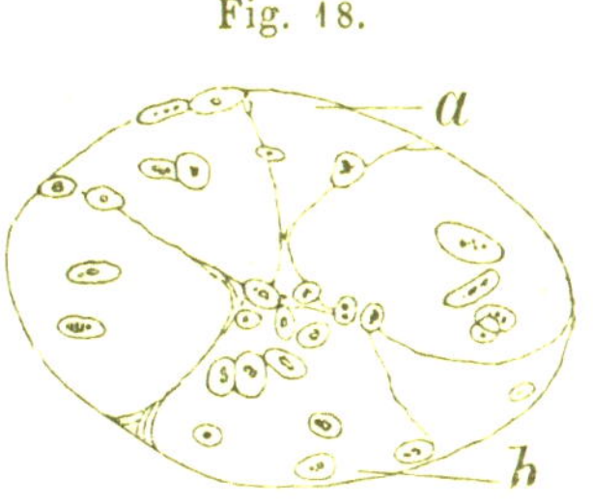

Schnitt durch den soliden Optikus eines 13 mm langen Embryos von Vespertilio murinus, in den nur die Kerne der Zellen des vormals hohlen Optikusstieles eingezeichnet sind. Die Nervenfasern sind fortgelassen. *a* orale, *b* apicale Seite. Die Arteria hyaloidea liegt oral vom soliden Nervenstamm.

Nach dem Auftreten der Nervenfasern ist auch das Mesoderm an der Peripherie des wachsenden Optikusstammes zu einer anfangs einfachen Scheide verdichtet worden. Die Zellen dieser Scheide wuchern, liefern die einzelnen Optikusscheiden des Erwachsenen und dringen auch mit feinen Zügen als trennende Septen zwischen größere Gruppen von Nervenfaserbündeln ein.

In der Fig. 18 ist an einem Querschnitt durch den N. opticus eines 13 mm langen Embryos von Vespertilio murinus unter Weglassung der Nervenfasern die Lage der Gliazellen durch die eingezeichneten Kerne und die Septenbildung des von außen eingedrungenen Bindegewebes dargestellt.

Beim Menschen und den Säugetieren ist oral dem peripher eingestülpten Optikusstiel die Arteria hyaloidea angelagert, die später völlig vom N. opticus umwachsen wird. Bei den Tieren mit Pekten- und Kampanulabildung rückt die Arteria hyaloidea gar nicht in die Nähe des Optikus, sie tritt vielmehr weiter linsenwärts in den Chorioidalspalt ein. Interessant ist deshalb das Verhalten am Optikus eines 13 mm langen Fledermausembryos (Vespertilio murinus), wo die orale Rinne des Optikus fehlte, die sonst zur Aufnahme der Arteria hyaloidea dient. Das Gefäß lag oral vom soliden Nerven.

Wann die Fasern des N. opticus markhaltig beim Menschen werden, ist nicht mit Sicherheit anzugeben.

§ 10. Die Linse. Die wissenschaftliche Erkenntnis der Linsenbildung geht in ihren ersten Anfängen auf Huschke zurück. Den Wert seiner Entdeckung, daß die äußere Haut sich gegen die Augenblase einstülpe und selbst zu einer Blase abschnüre, kann man nicht hoch genug anschlagen. Denn hierdurch wurde zum erstenmal auf ein Prinzip hingewiesen, das in der Entwicklung der Organismen eine große Rolle spielt: die Verlagerung von Teilen in das Innere von Organen, die selbst aus einer ganz anderen Anlage hervorgegangen sind. Dem naiven, nicht spekulativen Kopfe mußte es rätselhaft erscheinen, wie die Linse, die doch mitten im Auge liegt, durch komplizierte Einstülpungs- und Abschnürungsvorgänge in das Auge hineingeraten sein solle; er konnte auch dafür halten, es sei nicht der Untersuchung wert, ihrer Entstehung nachzugehen, da sie doch höchstwahrscheinlich dort ihren Ursprung genommen habe, wo sie sich später im erwachsenen Tiere vorfand.

Das Verdienst Huschke's (4) wird nicht dadurch geschmälert, daß er aus der ausgestülpten Blase nur die Linsenkapsel entstehen ließ; denn noch hatte die Entdeckung der Zelle durch Schwann (9) die Aufmerksamkeit des Morphologen nicht auf die Bedeutung der Histogenese gelenkt.

Von der zelligen Anlage der Linse redete als erster C. Vogt (12). Th. Schwann und H. Meyer (20) wiesen die Entstehung der Linsenfasern aus Zellen nach. H. Meyer zeigte außerdem, daß jede Faser einer Zelle entspreche. Von ihm rührt auch die Entdeckung der Kernzone her. Trotzdem Remak nicht die modernen Mittel mikroskopischer Technik zu Gebote standen, so hat er für Fische, Amphibien und Vögel den Vorgang der Linsenbildung doch richtig beschrieben und durch seine Untersuchungen eine allgemeine Übersicht über die Vorgänge der Linsenbildung bei diesen Wirbeltierklassen angebahnt.

Was später hinzugetan wurde, hat die Vorstellungen über die Entwicklung der Linse der Wirbeltiere im einzelnen bereichert; im ganzen jedoch sind die auf jene ersten Entdeckungen gegründeten Anschauungen nicht wesentlich erweitert worden.

Von der Linsenentwicklung beim Menschen liegen vereinzelte Beobachtungen von Kölliker (76), Kessler (57), van Bambeke (65) und His (67) vor. Man darf aus den Angaben dieser Autoren wohl den Schluß ziehen, daß die Linse des Menschen in ähnlicher Weise wie bei den Säugetieren sich bilde. Die genaueren Details können jedoch selbstverständlich erst von der Untersuchung eines hinreichend vollständigen menschlichen Materials erwartet werden.

Die Fig. 19 zeigt den Teil eines Schnittes durch die primäre Augenblase und die erste Anlage der Linse als eine Verdickung des Ektoderms. Was an dem Präparat von besonderer Wichtigkeit ist, ist das unzweifelhafte Vorkommen von Mesodermzellen zwischen dem distalen Pol der primären

Augenblase und der Linsenanlage. Dadurch ist auch für den Menschen der Nachweis erbracht, daß mit der Abschnürung der Linse Mesoderm in den späteren Glaskörperraum hineingerät. Das Vorkommen von Mesoderm zwischen Linsenanlage und primärer Augenblase ist übrigens sehr verschieden. Beim Huhn ist nichts davon zu finden; selbst später ist das Mesoderm an dieser Stelle sehr schwach entwickelt, wie das bei der Darstellung von der Entwicklung der Kornea weiter ausgeführt werden soll. An 10 mm langen Schweineembryonen, die in der Entwicklung des Auges dem zu Fig. 19 benutzten menschlichen Embryo gleichstehen, ist zwischen

Fig. 19.

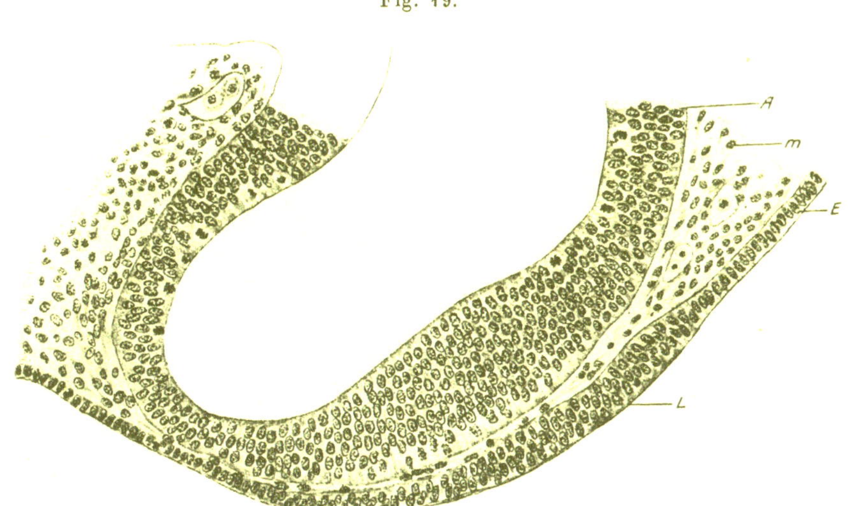

Aus einem Schnitt durch die primäre Augenblase eines höchstens 14 Tage alten menschlichen Embryos. (Vergr. Leitz 7, Ok. 1.)
A der nasenwärts gerichtete Teil der Augenblase, *m* das Mesoderm, *E* die dünne Ektodermlage zwischen der Linsenanlage *L* und der in die Zeichnung nicht mehr aufgenommenen Anlage der Riechgrube, die in diesem Stadium ebenfalls erst in einer Verdickung des Epithels besteht.

Linsenanlage und primärer Augenblase kein Mesoderm vorhanden. Daraus erklären sich die verschiedenen Angaben der Autoren über diesen Punkt. Es kommt auch hier weit mehr auf die Spezies an, als allgemein vermutet wird.

Nach His findet sich an menschlichen Embryonen von 5 mm Länge die erste deutliche Spur einer Linsengrube. Die Nackenbeuge ist um diese Zeit schon aufgetreten. Geschlossen ist die Linsenblase noch nicht an 7—7,5 mm langen Früchten, wie die beigegebene Fig. 20 nach Taf. IV, Fig. 13 von His erläutert. Die Bedeutung dieser Abbildung für die Entstehung der Linse ist unverkennbar; ob alle übrigen Teile, so namentlich der hohle Optikusstiel mit seiner starken Krümmung normalen oder durch die Konservierung veränderten Verhältnissen entsprechen, wird man mit HIS für zweifelhaft halten müssen.

Vor und nach HIS haben VAN BAMBEKE und KÖLLIKER vierwöchige menschliche Embryonen auf die Linsenentwicklung untersucht. Der reproduzierte KÖLLIKER'sche Schnitt (Fig. 21 A) zeigt die Linsengrube noch offen, der VAN BAMBEKE'sche Schnitt (Fig. 21 B) schon geschlossen, nur mit kleiner, trichterförmiger Vertiefung an der ursprünglichen Einstülpungsstelle. Bei dem acht bis neun Wochen alten menschlichen Embryo von 21 mm Scheitelsteißlänge (Fig. 46, S. 61) ist nach KÖLLIKER die Faserbildung der Linse schon weit vorgeschritten und die Kernzone ausgebildet. Nach KÖLLIKER haben TANDLER und ich schon bei jüngeren Embryonen des Menschen von 15—18 mm Länge eine solide Linse gefunden. Die Fasern wachsen in die Länge und bilden die RABL'schen Radiärlamellen. Durch größeres Längen-

Fig. 20.

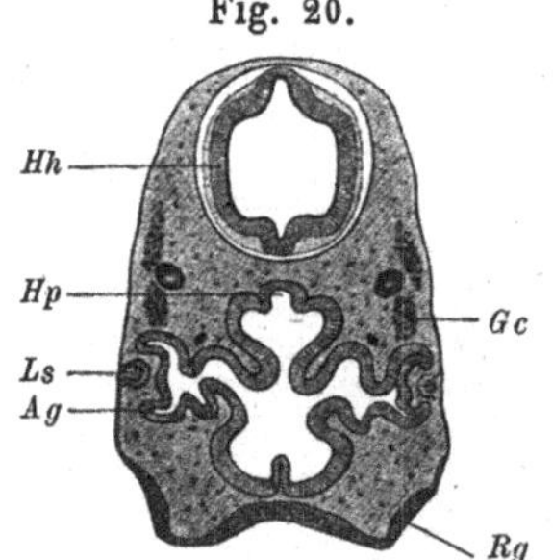

Schnitt durch einen menschlichen Embryo (HIS, Embryo A, 7,5 mm). *Ag* sekundäre Augenblase, *Ls* Linsenanlage, *Hp* Hypophysis, *Hh* Hinterhirn, *Gc* Ganglion ciliare, *Rg* Riechgrube.

Fig. 21.

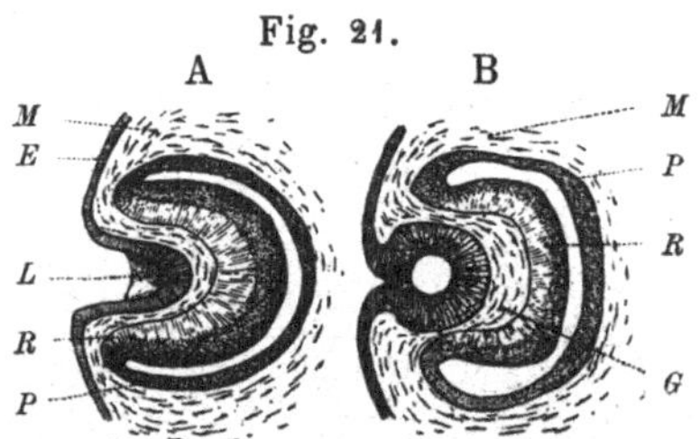

Zwei Schnitte durch die Augenanlage vierwöchiger menschlicher Embryonen nach den Modifikationen der Originalfiguren KÖLLIKER'S und VAN BAMBEKE'S in KOLLMANN'S Lehrbuch der Entwicklungsgeschichte.
A Linsengrube offen. *M* Mesoderm, *E* Ektoderm, *L* Linsengrube, *R* innere, *P* äußere Wand der sekundären Augenblase.
B Linse in Abschnürung begriffen. *M* Mesoderm, *P* äußere, *R* innere Wand der sekundären Augenblase, *G* Glaskörper.

wachstum der peripheren Fasern entstehen die Linsennähte und aus ihnen die Linsensterne vom Ende des dritten bis zum Ende des fünften Monats. Im dritten Monat ist auch die menschliche Linse noch kuglig; sie vergrößert sich später in der Äquatorgegend und nimmt in der Augenachse an Durchmesser ab.

Während wir somit das embryologische Material vom Menschen noch zu vervollständigen haben, liegen von Säugetieren eine Reihe befriedigender Untersuchungen vor. Die Autoren weichen hier zwar in einigen Punkten voneinander ab. Doch sind die Differenzen, wie an so vielen anderen fertigen oder entstehenden Organen bekannt ist, im wesentlichen darauf zurückzuführen, daß die Linsenentwicklung bei den verschiedenen bis jetzt untersuchten Säugetieren nicht in ganz derselben Weise erfolgt.

Um die Unterschiede in der Linsenbildung der Säugetiere besser würdigen zu können, wird es nötig sein, die Entstehung der Linse bei den übrigen Wirbeltierklassen kurz zu besprechen.

Die Entdeckung Remak's, daß die Linse des Frosches nur aus der tiefen, unpigmentierten Lage des Ektoderms sich bilde, ist in der Folgezeit oft bestätigt worden, so von Lieberkühn, Kessler, E. Schoebel und jüngst noch von C. Rabl. Nach Schenk, dem sich in den Hauptpunkten C. K. Hoffmann anschloss, nimmt bei Teleostiern die Deckschicht des Ektoderms an der Linsenbildung ebenfalls keinen Anteil.

Man kann sich leicht über diese Tatsachen unterrichten. Es fragt sich nun, ob die Bildung der Linse bei den höher stehenden Klassen und bei den tiefer stehenden Selachiern zu einer Zeit vor sich gehe, wo eine Deckschicht des Ektoderms schon ausgebildet ist. Dies ist, wie ich vorweg bemerken will, keineswegs der Fall. Die Selachier besitzen, wie Balfour und Rabl (138) es abbilden, und wie ich es für diese Gruppe, die Reptilien, Vögel und Säugetiere, aus eigener Anschauung kenne, keine Deckschicht zur Zeit der Linsenbildung. Daß beim Huhn, dem Kaninchen und Meerschweinchen das Ektoderm zur Zeit der Linsenbildung noch einschichtig sei, hatte Schenk (39) schon früher hervorgehoben. Somit würden die Selachier um diese Zeit jeden Schutzes der Keimschicht des Ektoderms entbehren, die übrigen Anamnier eine nicht abgehobene, schützende äußere Epithelschicht erzeugen, und die Amnioten durch das vor und in der Zeit der Linsenbildung erfolgende Entstehen des Amnions eine Schutzdecke ihres wie bei den Selachiern einschichtigen Ektoderms gewinnen. Es würde also nur bei den Selachiern die Linsenanlage nach außen hin freiliegen, bei den Knochenfischen und Amphibien dagegen durch die Deckschicht des Ektoderms, bei Reptilien, Vögeln und Säugern durch das Amnion geschützt sein.

Selbstverständlich interessiert uns hierbei nur die Feststellung, ob im Beginn der Linsenbildung das Ektoderm einschichtig ist; daß es bei allen Wirbeltieren späterhin zwei- und mehrschichtig wird, gehört nicht hierher.

Das Ektoderm gibt demgemäß bei allen Wirbeltierklassen den Mutterboden für die Linsenentwicklung ab. Die Teleostier und Amphibien bilden sie, trotzdem schon eine Deckschicht vorhanden ist, nur aus der tieferen Keimschicht des Ektoderms. In allen Wirbeltierklassen geht die Linse aus der Keimschicht des Ektoderms hervor, mag eine Deckschicht vorhanden sein wie bei den Teleostiern und Amphibien, oder mag sie fehlen wie bei den Säugetieren, Vögeln, Reptilien und Selachiern.

Ist durch diese Feststellung eine einheitliche Quelle für die Linse aller Wirbeltierembryonen in der Keimschicht des Ektoderms gefunden worden, so erübrigt es noch, die Frage zu behandeln, ob die Linse bei allen Wirbeltierklassen in gleicher Weise ausgestaltet werde.

Da zeigen sich denn nun nach zwei Richtungen hin Abweichungen. Die erste dieser Verschiedenheiten betrifft die Form, unter der die Linse vom Ektoderm sich abschnürt; die zweite bezieht sich auf die Art, wie die Zellen der abgeschnürten Anlage in die fertige Linse übernommen werden.

Die Linsenanlage schnürt sich nämlich bei Selachiern und Teleostiern als solide Knospe ab, die erst nachträglich hohl wird; die Linse der übrigen Wirbeltiere stellt schon zur Zeit der Abschnürung ein hohles Bläschen dar. Der alte Streit, ob sich die Linse der Säugetiere als solider Körper abschnüre und erst sekundär aushöhle, ist seit den Arbeiten von Kessler (57) und v. Mihalkovics (51) zugunsten der Annahme entschieden worden, daß die Bildung der Säugetierlinse wie der bei Amphibien, Reptilien und Vögel durch den allmählichen Schluß einer zuerst flachen Grube zu einem von Anfang an hohlen Bläschen führe. Freilich herrschte bei beiden keine Klarheit darüber, in welcher Weise sich die Grund- oder Keimschicht und die Deckschicht des Ektoderms an der Linsenbildung beteiligen. Die v. Mihalkovics'schen Abbildungen sind nicht bei hinreichend starker Vergrößerung gewonnen. Die Kessler'schen geben zwar das wahre Verhalten, wie ich besonders betone, durchaus getreu wieder, berechtigen aber keineswegs zu der von ihm gegebenen Deutung.

Es handelt sich nämlich hierbei um Eigentümlichkeiten in der Linsenbildung gewisser Säugetiere, die beide Autoren zu der Annahme führten, es liefere die Deckschicht des Ektoderms bei diesen Arten zwar keinen bleibenden, wohl aber einen hinfälligen Teil der Linse. Beim Kaninchen und dem Schafe sind, bevor die Linsenanlage sich abgeschnürt hat, in der flachen Grube Zellenmassen vorhanden, die v. Mihalkovics und Kessler als Abkömmlinge der Deckschicht bezeichneten. Um diese Zeit ist aber noch keine Deckschicht des Ektoderms entwickelt (vgl. Fig. 14, S. 18); somit muß diesen Zellen *d*, die der eigentlichen Linsenanlage *l* aufgelagert sind, eine andere Bedeutung zukommen, womit wir uns aber erst bei der Verfolgung der Einzelheiten in der Linsenentwicklung zu beschäftigen haben werden. Bei anderen Säugetieren wie der Maus und, wie es scheint, auch beim Menschen fehlen diese Zellenmassen.

Gelang es uns demgemäß zu zeigen, daß die vorübergehend in der Linsengrube einiger Säugetiere befindlichen Zellmassen nichts mit der Deckschicht des Ektoderms zu tun haben, so wird zwar noch untersucht werden müssen, welche Bedeutung ihnen denn eigentlich zukomme. Es ist aber trotzdem möglich, für die Wirbeltierlinsenentwicklung festzustellen, daß sich in allen Klassen nur die Grund- oder Keimschicht des Ektoderms an der Linsenbildung beteilige, daß die Linse bei den Fischen als solide Wucherung, bei den übrigen Wirbeltieren aber als hohle, gegen die Augenblase gerichtete Einstülpung entstehe.

Neben der Verschiedenheit in der Art der Abschnürung der Zellen des Ektoderms zur ersten soliden oder hohlen Anlage der Linse gibt es noch eine zweite in der Wirbeltierreihe, die auf die Art der ersten Faserbildung in dem abgeschnürten Linsensäckchen zurückgeht. Die Knochenfische, Amphibien und Reptilien bilden ihre Linse in der Weise aus, daß eine

Kugel anfangs nur wenig veränderter Zellen der Hinterwand des Linsensäckchens von Fasern umgeben wird. Bei den übrigen Wirbeltieren ist auch die zentrale Masse zu Fasern ausgezogen. Ein eigentlicher Linsenkern fehlt den Selachiern, Vögeln und Säugetieren. Wir werden versuchen, auch diese Verschiedenheit auf ein gemeinsames Prinzip der Entwicklung zurückzuführen. Wenn aber auch für die Linsenbildung aller Wirbeltiere ein einziger, vielfach variierter Bildungsmodus gefunden sein wird, so bleibt doch die schließliche Form der Linse für jedes Geschöpf etwas so Typisches, daß nicht einmal in der äußeren Gestalt derselben, sondern, wie Rabl kürzlich gefunden hat, von Art zu Art, selbst in der Zahl der die Linse zusammensetzenden Lamellen, die größten Verschiedenheiten sich finden. Die Linsenentwicklung der Wirbeltiere ist also von einem gemeinsamen Ausgangspunkte für jede einzelne Art in spezifischer Weise variiert worden; sie schließt sich somit dem für alle Organe gültigen Bildungsgesetze an, das die Arten zwar ähnlich, aber doch »bis in den letzten Winkel der Organisation voneinander verschieden macht«.

Ausgedehnte Untersuchungen zur vergleichenden Entwicklungsgeschichte der Linse stellte C. Rabl an. Schon Balfour hatte hervorgehoben, daß die Linse der Selachier aus einer Verdickung des Epiblasts sich bilde, daß die Linsengrube ungemein flach sei und die Abschnürung der Linse so erfolge, daß in der beinahe kugligen Zellmasse nur eine sehr kleine, zentrale Höhle enthalten sei. Von dieser Höhle berichtet nun Rabl, daß sie nicht aus der Einstülpungshöhle des Epiblasts sich ableite, sondern sekundär erst in der anfangs soliden, abgeschnürten Masse der Linsenanlage entstehe. Es würde sich somit die Höhle der embryonalen Linse bei den Selachiern insoweit von der der übrigen Wirbeltiere unterscheiden, als sie erst allmählich sich vergrößert und dadurch eine äußere Epithellage von der inneren, zu Linsenfasern umgestalteten Zellschicht abgrenzt, während bei den höher stehenden Wirbeltieren die Linsenhöhle sich nach und nach verkleinert und gleich von vornherein das vordere Epithel von den zu Linsenfasern anwachsenden Zellen der hinteren Linsenwand trennt. Bei den Selachiern wird erst durch Umordnung in dem soliden Zellenhaufen der Linse die Höhle erzeugt; schrittweise wächst diese Höhle, um nach Ausbildung ihrer vollen Größe wie bei den übrigen Wirbeltieren durch Anwachsen der Linsenfasern wieder verkleinert zu werden und ganz zu verschwinden.

Bei den jüngsten von Rabl (138) untersuchten Embryonen von Pristiurus mit 45 Urwirbeln ist das Ektoderm einschichtig und in der Gegend der primären Augenblase verdickt. Diese Stelle der Linsenanlage wird dicker und, obwohl ein flacher Trichter eine kurze Strecke weit in die solide Anlage hineinreicht, als solider Körper vom Ektoderm abgeschnürt. Bei Embryonen von 63 bis 64 Urwirbeln tritt proximal in der soliden, abgeschnürten Linsenanlage ein feiner Spalt auf, der sich nach und nach zu einer Höhle vergrößert. Erst bei Embryonen von 87 Urwirbeln wird das Ektoderm der Augengegend zweischichtig; zugleich beginnt das Wachstum der proximalen Zellen als erstes Zeichen der Linsenfaserbildung.

Auch bei Pristiurus habe ich in einem Stadium, das zwischen der Rabl'schen Fig. 9 und 10 der Taf. 28 (87 und 95 Urwirbel) etwa einzureihen wäre, degenerierte Zellen in der Linsenhöhle gefunden, wie Rabl es von Torpedo in Fig. 1 und 2, Taf. 29 abgebildet und im Texte beschrieben hat.

Von der bereits vielseitig studierten Linsenentwicklung bei Knochenfischen führe ich nach eigenen Untersuchungen am Lachs (Salmo salar) folgende Daten an. Die betreffenden Eier wurden bei einer Temperatur von 7—8° C ausgebrütet. Am 18. Tage erscheint in der Gegend der schon eingestülpten Augenblase, deren Pigmentblatt stark verdünnt und deren inneres Blatt verdickt ist, eine Epithelverdickung in der Keimschicht des Ektoderms. Die Deckschicht des Ektoderms zieht, wie auch bei den späteren Veränderungen, glatt über die Linsenanlage hin. Diese selbst krümmt sich als ein Wulst nach innen zu. Die Peripherie des Wulstes wird von den verlängerten Zellen der ersten Anlage gebildet, und in die Mitte rücken Zellen ein, die von den Rändern des Wulstes hinabgleiten. Dadurch wird der Anschein einer soliden Linsenanlage erzeugt. Achtet man aber auf die Lage der Mitosen, so umgeben sie in einem mehr oder weniger nach dem Grade der eingeleiteten Abschnürung großen Halbkreise den zentralen Zellpfropf, der am 20. Tage durch einen feinen Spalt von der proliferierenden peripheren Schicht der Anlage getrennt wird. Nach und nach bis zum 22. oder in anderen Exemplaren auch erst am 23. Tage hat sich die Linse vom Ektoderm abgeschnürt. Die Abschnürung beginnt am rostralen Ende. Liegt hier die Linse schon völlig frei, so hängt sie kaudalwärts auf der ventralen Fläche noch mit dem Ektoderm zusammen. Ist die Abschnürung vollendet, so löst sich der eingekeilte Zellpfropf auch von der vorderen Zellschicht ab; die Zellen der hinteren Linsenwand wachsen und bilden eine konzentrisch geschichtete Kugel kubischer Zellen, deren Kerne nach und nach verblassen. Inzwischen wird der Spalt um den eingekeilten Zellpfropf größer. Der Pfropf liegt abgeplattet in einem meniskoidalen Hohlraume zwischen dem vorderen kubischen Linsenepithel und dem vorgewucherten Epithel der hinteren Linsenwand. Die den Zellpfropf bildenden Zellen degenerieren vom 22. Tage an und sind um den 30. Tag völlig verschwunden. Die Degeneration beginnt mit der Ausstoßung des Chromatins aus den Kernen.

Hat sich aus den Zellen der hinteren Linsenwand die konzentrische Kugel gebildet, so fangen die ihr seitlich anliegenden Zellen an, zu Fasern auszuwachsen und in Schichten, die von dem vorderen Linsenepithel steten Nachschub erhalten, sich um sie herumzulegen. Am 35. Tage ist der Spalt der Linse durch die inzwischen gebildeten Fasern zum Schwund gebracht. Eine gefäßhaltige Linsenkapsel tritt nicht auf, wohl die Capsula lentis propria, die hier wie bei allen Wirbeltieren von den Zellen der Linse selbst ausgeschieden wird.

Bei den Amphibien ist wie bei den Knochenfischen zur Zeit der Linsenbildung das Ektoderm zweischichtig. Die pigmentierte Deckschicht zieht aber glatt über die verdickte und später eingestülpte Keimschicht hin. Hier tritt zum erstenmal eine Linsengrube auf, die sich durch Abschnürung zu einer Linsenhöhle schließt. Den Kern der Linse bilden die konzentrisch geschichteten Zellen der hinteren Wand des Linsensäckchens; die Weiterentwicklung erfolgt wie bei den Knochenfischen, indem die Linsenhöhle durch die nach dem hinteren Pole der Linse abgeschobenen, sich vermehrenden und zu Fasern auswachsenden Zellen des vorderen Wandbelags mehr und mehr eingeengt und schließlich aufgehoben wird.

Fig. 22.

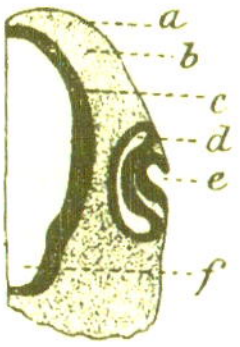

Schnitt durch die Augenanlage eines 60 Stunden alten Hühnerembryos.
a Ektoderm, *b* Mesoderm, *c* Hirnrohr, *d* sekundäre Augenblase, *e* noch offene Linsenanlage (Linsengrube), *f* Hirnhöhle.

Fig. 23.

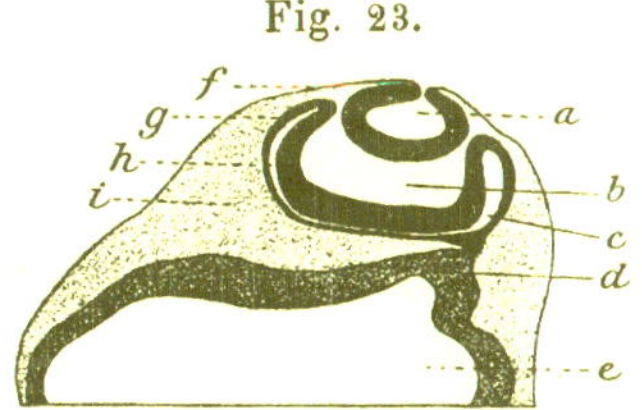

Schnitt durch die Augenanlage eines 70 Stunden alten Hühnerembryos. (Vergr. Leitz 2, Ok. 2.)
a Linsenhöhle nahe der Abschnürung, im kurzen Stiel ist nur noch eine ganz feine Öffnung, *b* Glaskörperraum, *c* primäre Augenblasenhöhle, *d* Wand des Augenstieles, *e* Hirnhöhle, *f* Ektoderm, *g* äußere, *h* innere Wand der sekundären Augenblase, *i* Mesoderm.

Reptilien und Vögel bilden vor dem Auftreten der ersten Linsenanlage das Amnion aus. Die Deckschicht fehlt dem Ektoderm, wie bei den Selachiern, wenn die typische Verdickung des Ektoderms in die Gegend der Augenblase die Linsenbildung einleitet. Hier tritt also zum erstenmal in leicht zu deutender Form das Typische der Linsenbildung hervor, das bei den niederen Klassen einmal durch das Vorhandensein der Deckschicht, wie bei Teleostiern und Amphibien, oder durch den die eigentliche Linsengrube ausfüllenden Pfropf, wie bei den Fischen überhaupt, schwieriger zu erkennen war.

Beim Huhn erscheint die Ektodermverdickung am Ende des zweiten Tages. Am Anfange des dritten Tages senkt sich unter steter Vermehrung der in der verdickten Zone gelegenen Zellen das Ektoderm in die Tiefe; die Augenblase erscheint eingestülpt, wie Fig. 22 zeigt, aber nur wenig verschieden in der Mächtigkeit ihrer beiden Blätter, wie bei den Haien. Im Gegensatz hierzu hat sich bei Teleostiern und Amphibien das äußere Blatt der Augenblase um diese Zeit der Linsenentwicklung bereits verdünnt. An der Fig. 22 ist ersichtlich, daß das Wachstum der Zellen auf der dorsalen und ventralen Seite nicht gleichmäßig erfolgt, die Linsengrube ist nicht nach diesen beiden Richtungen symmetrisch gebaut, dorsal tiefer gegen das Ektoderm eingeknickt als ventral. Dies Verhältnis bleibt bestehen, wenn um die 70. Stunde der Bebrütung die Linsenhöhle fast völlig abgeschnürt ist und die Ränder des Ektoderms sich auf der Vorderfläche der Linsenhöhle beinahe berühren. Ein derartiges Stadium ist in Fig. 23 abgebildet. Die Linsengrube ist bis auf einen kleinen zylindrischen Zugang von der Gestalt eines feinen Stichkanals an der Außenfläche geschlossen. Die Schlußstelle liegt aber oral von der Augen- und Linsenachse. Die Wandungen der Linsenanlage sind noch fast gleich dick; doch sind die proximalen Zellen schon ein wenig verlängert. Das Lumen ist mit einem zarten Gerinnsel ausgefüllt. Die Wandungen der sekundären Augenblase zeigen erst jetzt den bei Fischen und Amphibien schon vorher ausgebildeten Unterschied: die äußere Wand ist verdünnt, die innere verdickt; die Vermehrung der Zellen ist also im äußeren Blatt zurückgeblieben, während sie im inneren Blatt schnelle Fortschritte macht.

Die Abschnürung erfolgt schließlich unter Bildung eines kurzen Stieles, dessen Zellen, wie Kessler gezeigt hat, zugrunde gehen. Beim Huhn verlängern sich alsdann die Zellen der hinteren Wand ohne besonders nachweisbare Vermehrung zu Linsenfasern, die dann in der bei den früheren Wirbeltierklassen geschilderten Weise von weiteren Lamellen durch die Vermehrung und das Wachstum der Zellen der Vorderwand umgeben werden, den Hohlraum des Linsensäckchens ausfüllen und die Linsenkugel vergrößern.

Bei der Nachprüfung der vorliegenden Angaben über die Linsenbildung bei den Säugetieren standen mir, dank der gütigen Zuwendung meines Freundes Oscar Schultze, Schnittserien von Embryonen des Kaninchens, der Maus, des Schweines, einer Fledermaus (Vespertilio murinus) und des Schafes zur Verfügung.

Die Linse der Säugetiere entwickelt sich nicht bei allen Arten gleichmäßig. Zu dem einen Typus, der an den vom Huhn geschilderten erinnert, gehören Mensch, Maus, Schwein, Fledermaus; zum anderen Typus, mit Anklängen an die Verhältnisse bei den Fischen, Kaninchen und Schaf. In der Einleitung zu diesem Abschnitte habe ich schon auseinandergesetzt, daß bei keinem Säugetiere im Beginne der Linsenbildung eine Deckschicht des Ektoderms vorhanden sei. Der bei Kaninchen und Schaf in der Linsengrube befindliche Zellpfropf kann somit nur von der Keim- oder Grundschicht des Ektoderms seinen Ausgang nehmen.

Hier reihen sich einige Angaben über die Linsenbildung verschiedener Säugetiere an, die als Ergänzung unserer Kenntnisse des Vorganges beim Menschen dienen können. An Mäuseembryonen von 6 mm Länge beginnt die Linse sich abzuschnüren. Das Ektoderm ist einschichtig, die Zellen der Linsengrube schon verlängert, die Mitosen an der freien Oberfläche gelegen (Fig. 24). Bei einem Embryo von 9 mm Länge war die Linse abgeschnürt, die Linsenhöhle stellte eine schmale, halbmondförmige Lücke dar zwischen den zu Fasern ausgewachsenen Zellen der hinteren und dem Epithel der vorderen Linsenwand. Das Epithel der vorderen Wand zeigte immer noch mehrere Kerne in radiärer Richtung; erst später wird es deutlich einschichtig. Das weitere Wachstum der Linse erfolgt durch die Vermehrung und am Ringwulst beginnende Faserbildung der Epithelien der vorderen Wand. Die neuen Fasern legen sich um die vorhandenen in Schichten herum und drängen die älteren von der Wand ab. An der Linse der neugeborenen Maus sind die Fasern der inneren Linsenschichten breiter als die äußeren; bei 10 Tage alten Jungen ist die Zähnelung an den Seiten der zentralen Fasern deutlich geworden.

Fig. 24.

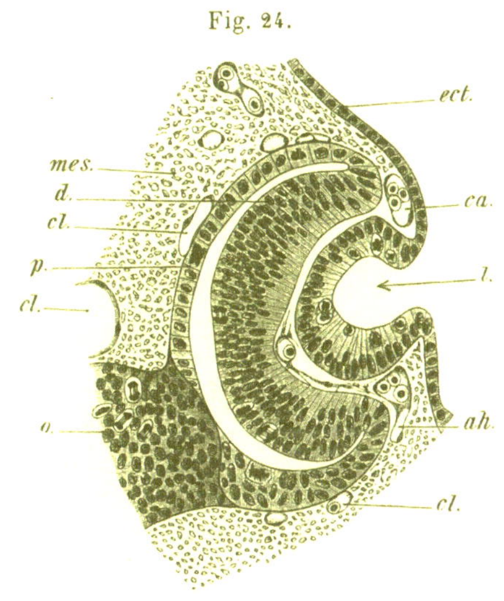

Schnitt durch die Augenanlage eines 6 mm langen Mäuseembryos. *ect.* Ektoderm, *ca.* Gefäß in der Gegend der künftigen Iris, *l.* Linsengrube, *ah.* Glaskörpergefäß, *cl.* Gefäße im Mesoderm an der Wand der Augenblase, *mes.* Mesoderm, *d.* distale und *p.* proximale Wand der sekundären Augenblase, *o.* Optikusstiel seitlich im Längsschnitt getroffen. (Vergr. Leitz, Syst. 5, Ok. 2.)

Bei Vespertilio murinus entsteht die Linse in ähnlicher Weise. An einem 6—7 mm langen Embryo ist auf der einen Seite die Linse völlig abgeschnürt, auf der anderen Seite hängt sie in der Gegend der Augenspalte durch einen dicken Zellenpfropf, den Linsenstiel, noch mit dem Ektoderm zusammen. In der gebogenen breiten Linsenhöhle liegen einige zugrunde gehende Zellen. Die Bildung der Linsenfasern beginnt durch Verlängerung der Zellen der hinteren Wand, ohne daß hier Zeichen von Zellteilung aufträten; die vordere Wand des Linsensäckchens ist reich an Mitosen, die niedrigen Zellen liegen dicht gedrängt, ihre Kerne liegen zu mehreren in einem Radius. Die Kerne der verlängerten hinteren Wandzellen liegen an der Basis. Von nun an geht die Faserentwicklung durch Nachschub von dem vorderen Epithel weiter. Bei 7 mm langen Embryonen ist die Linse völlig abgeschnürt, ihre Höhle geschwunden. Alle bis dahin gebildeten Fasern laufen noch fast parallel; ihre Kerne haben sich scheinbar nach vorn zu bewegt, offenbar aber deshalb, weil die Fasern nach beiden Richtungen an Länge zunehmen.

Embryo 8 mm lang. Wie die Fig. 25 erläutert, ist um diese Zeit die Linse abgeschnürt, die Linsenhöhle zu einem nur an der Stelle, wo die Zellen der vorderen Wand sich strecken und zu Fasern verlängern, noch eben als feine Spalte zu erkennen, im übrigen aber durch die verlängerten Zellen der hinteren Wand ausgefüllt. Das Epithel der vorderen Wand ist einschichtig; am Ringwulst, der Zone nämlich, wo die Umbildung zu Fasern beginnt, sind ein bis drei Kerne in einen Radius zusammengeschoben. Alle

Fig. 25.

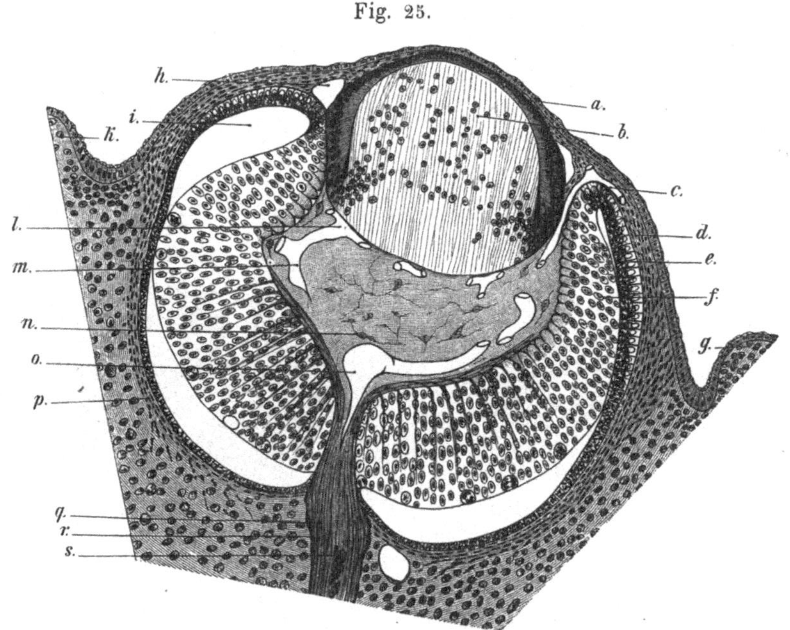

Querschnitt durch das Auge eines 8 mm langen Embryos von Vespertilio murinus.
a. Ektoderm, *b.* Linse, *c.* Anastomose von Ziliar- und Glaskörpergefäßen, *d.* Mesoderm, Anlage der Sklera und Chorioidea, *e.* Pigmentschicht der Retina, *f.* die übrigen Schichten der Retina in der Entwicklung, *g.* Lidanlage, *h.* Ringgefäß in der Gegend der künftigen Iris, *i.* primäre Höhle der Augenblase, *k.* Lidanlage, *l.* Linsenkapselgefäße, *m.* Glaskörper, *n.* Zellen und Zellenausläufer im Glaskörper, *o.* Arteria hyaloidea, *p.* Anlage der Sklera und Chorioidea, *q.* Nervus opticus, *r.* Scheide des N. opticus, *s.* zellige Reste der Optikushöhle.

bis jetzt gebildeten Fasern sitzen der hinteren Linsenwand als parallele Palisaden auf. Die Linse ist noch kugelig.

Embryo 13 mm lang. Die Linse ist abgeplattet, und die zuerst der hinteren Wand aufsitzenden Fasern sind durch neugebildete, die vom Ringwulst aus sich in Schichten um die alten legen, abgehoben worden, so daß jetzt die jüngsten Fasern an der Peripherie liegen.

Aus der Linsenentwicklung des Schafes sei das Folgende mitgeteilt. Beim 8 mm langen Embryo (vgl. Fig. 26) ist die Linsengrube äußerst flach, in der Tiefe mit einem Epithel bekleidet, dessen Kerne zu mehreren in jedem Radius hintereinander liegen. An dem Rande der Grube drängt das Ektoderm ebenfalls die Kerne seiner Zellen zusammen, ist aber weiter entfernt einschichtig; eine Deckschicht ist noch nicht vorhanden. Die Grube wird oberflächlich von Zellen angefüllt, deren Anordnung keine Regelmäßigkeit erkennen läßt. Der Pfropf, den dieselben in der Linsengrube bilden, hängt in unserem Schnitt durch drei Spalten mit dem tieferen Zellenlager der Linsengrube zusammen. Die Zellkerne des Pfropfes machen die Veränderungen durch, die früher von den vergänglichen Zellen der Lachslinse beschrieben wurden. Chromatin tritt aus den Kernen aus und liegt oft als gebogenes Stäbchen in feiner, hyaliner, zylinder- oder kugelförmiger Umhüllung. An der Grenze dieser hinfälligen und der bleibenden Zellen der Linsenanlage liegt die durch Mitosen ausgezeichnete Zellvermehrungsschicht.

Fig. 26.

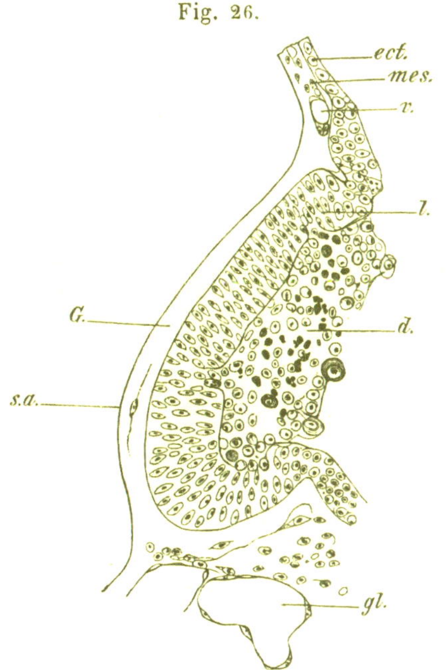

Linsenentwicklung beim Schafembryo. Schnitt durch Linse und Glaskörper eines 8 mm langen Embryos. *ect.* Ektoderm, *mes.* Mesoderm, *v.* Gefäß, *l.* bleibende Zellen der Linsenanlage, *d.* hinfällige Zellen der Linsenanlage, *gl.* Glaskörpergefäß, *G.* Glaskörperraum mit Bindegewebszelle, *s.a.* die distale Grenze der sekundären Augenblase.

Die Linsengrube ist bei 10 mm langen Embryonen in der Abschnürung begriffen. Das Ektoderm ist auch um diese Zeit noch einschichtig. Am Rande der Linsenanlage sind wohl die Kerne der Zellen zusammengedrängt, Mitosen finden sich aber nur an der Oberfläche. In der Linsenanlage hat sich eine Höhle gebildet; distal liegen dicht gedrängt, mit dem Anscheine der Mehrschichtigkeit, die auch in Mitose begriffenen Zellen, die das Epithel der distalen oder vorderen Linsenwand bilden werden; in der Höhle selbst die nach den Seiten weiter gewucherten Zellenreste des Pfropfes. Diese Zellen haben sich von der hinteren Wand gelöst, liegen der vorderen, wo sie schon abgeschnürt ist, an und begrenzen so scheinbar die Höhle der Linse nach vorn zu. Man sieht aber deutlich genug, daß sie sich gegen das bleibende vordere Linsenepithel in einer halbkreisförmigen Linie absetzen; namentlich aber in den ventralen Partien, wo die Abschnürung in der Gegend des Augenspaltes noch nicht vollendet ist, erkennt man, daß diese Zellmasse von den Wänden der hier noch gestielten Linsenblase eingeschlossen wird. Die Zeichen der Degeneration sind auf den Zellpfropf beschränkt und weitergediehen.

Beim 1,4 cm langen Schafembryo ist die Linse völlig abgeschnürt. Das vordere Epithel zeigt gedrängte Kerne, an der hinteren Wand beginnt die Faserbildung. Die Lichtung der Linsenhöhle ist groß und enthält nur noch wenige Zellenreste. Das Ektoderm ist nunmehr überall zweischichtig geworden.

Beim Kaninchen tritt die Anlage der Linse als eine Ektodermverdickung in der Gegend der Augenblase im Laufe des zehnten Tages auf. Am Beginn des elften Tages ist die Linsengrube fertig und, wie KÖLLIKER dies in Fig. 394 seiner Entwicklungsgeschichte darstellt, auf dem Boden der ver-

Fig. 27.

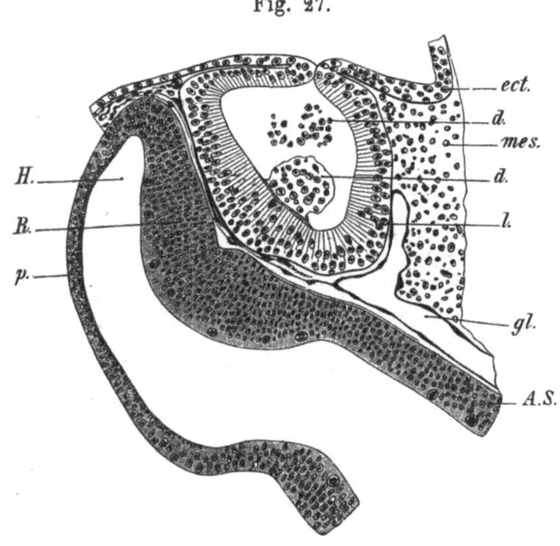

Schnitt in der Richtung der Augenspalte durch das Auge eines 11 Tage 17 Stunden alten Kaninchenembryos. *A.S.* Augenstiel, *d.* vergängliche Zellen der Linsenanlage, *ect.* Ektoderm, *gl.* Glaskörpergefäß, *H.* die eingebuchtete primäre Höhle der Augenblase, *l.* Linsensäckchen, *mes.* Mesoderm, *p.* Pigmentschicht der Retina mit Beginn der Pigmentablagerung auf der Seite der primären Augenblasenhöhle, *R.* Anlage der Retina.

dickten Grube mit einer warzenförmigen Auflagerung bedeckt. Die Linse hat sich bei einem von mir untersuchten Embryo von 11 Tagen 17 Stunden und 0,8 cm Länge beinahe völlig abgeschnürt. In ihrer Höhle (vgl. Fig. 27) liegt als Rest der früheren warzenförmigen Erhebung auf der hinteren Wand ein Haufen degenerierter Zellen, deren Auflösung durch die beim Schaf und beim Lachs geschilderte Kernveränderung eingeleitet wird. Nahe der Nahtstelle des Bläschens liegen vereinzelte Zellbruchstücke. Die hintere Linsenwand hat sich verdickt.

Später geht der Inhalt der Linsenhöhle ganz zugrunde. Die Faserbildung beginnt an der hinteren Wand und wird in derselben Weise wie bei anderen Tieren durch Nachrücken der veränderten Zellen der vorderen Wand weiter und zu Ende geführt.

An 1 cm langen Embryonen ist die Linsenhöhle geschwunden und außen eine deutliche hyaline Kapsel abgelagert.

Mit Bezug auf die hyaline, bleibende Kapsel der Linse muß ich der von Kölliker (28), Kessler (57), Keibel (86), Rabl (138) geäußerten Ansicht zustimmen. Diese Kapsel ist ein Bildungsprodukt der Linsenzellen; sie wächst als kernlose Linsenhülle weiter. Beim neugeborenen Jungen der weißen Maus mißt sie (Fig. 28, *cl*) vorn ungefähr 2 μ, beim erwachsenen Tiere 9 μ. In derselben Zeit nimmt die Höhe des vorderen Epithels um die Hälfte ab, von 11 μ auf 5,5 μ. Nach Kölliker (28) hat die vordere

Fig. 28.

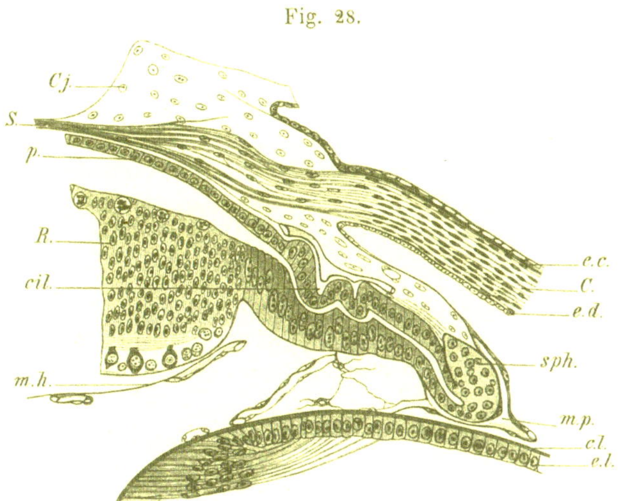

Teil eines Schnittes durch die vordere Hälfte des in Flemming'scher Flüssigkeit gehärteten Auges einer zwei Tage alten weißen Maus.

Cj. Konjunktiva, *ec.* Epithel der Kornea, *C.* Substantia propria corneae, *ed.* Epithel der Descemet'schen Membran, *sph.* Anlage des M. sphincter pupillae, *mp.* Membrana pupillaris (in ihr Anastomosen von Glaskörper- und Irisgefäßen), *cl.* die kutikulare Linsenkapsel, *el.* vorderes Epithel der Linse, *mh.* Grenzkontur des abgehobenen Glaskörpers, *cil.* Anlage der Ziliarfortsätze, *R.* Retina, *p.* Pigmentschicht, *S.* Sklera und Chorioidea. (Vergr. Leitz, 5, Ok. 0.)

Wand der Linsenkapsel beim neugeborenen Menschen einen Durchmesser von ungefähr 8 μ, beim erwachsenen nach J. Arnold (49) bis zu 18 μ. Selbstverständlich muß die Linsenkapsel die Gestaltsveränderungen der Linse während der Entwicklung mitmachen. Die menschliche Linse ist im Vergleich zu der der Tiere während der embryonalen Periode klein und selbst zur Zeit der Geburt noch rund. Die bleibende, bikonvexe Form mit hinterer stärkerer Wölbung bildet sich erst post partum aus.

Bei Entfernung der Linse aus ihrer Kapsel bleibt das vordere Epithel erhalten; so innig ist die Verbindung dieser Zellen mit der Kapsel.

Die vergängliche, blutgefäßhaltige Linsenkapsel stammt vom Mesoderm und wird in einem folgenden Abschnitte noch besonders besprochen werden

Überblickt man die im Vorigen angeführten Untersuchungsergebnisse, so zeigt sich, worauf Mihalkovics, Kessler und Kölliker schon hingewiesen haben, daß die Linse bei allen Wirbeltieren aus der Keimschicht (Grundschicht mancher Autoren) des Ektoderms in der Gegend der Augenblase gebildet wird. Wo eine Deckschicht wie bei den Teleostiern und Amphibien zur Zeit, wenn die Linse sich anlegt, vorhanden ist, bleibt sie durchaus an der Linsenbildung unbeteiligt. Wohl bilden Selachier, Teleostier und manche Säugetiere einen vergänglichen Zellpfropf in der Linsengrube, jedoch ohne daß die Deckschicht hierzu mitwirkte. Schon an der Lagerung der Mitosen, am Auftreten der ersten Andeutung einer Linsenhöhle bei diesen Geschöpfen, an dem Vergehen der Zellen des die eigentliche Linsengrube schützenden Pfropfes erkennt man, daß die Grundform aller Linsenbildung, die Einstülpung der Ektodermkeimschicht zu einer Linsengrube und die Abschnürung zur Linsenhöhle, überall wiederkehrt. Der Zellpfropf in der Linsengrube ist bei den Selachiern als Schutzorgan gebildet worden, wo noch keine Deckschicht im Ektoderm existierte. Bei den höheren Tieren ist dieser Zellpfropf, wo er sich findet, als eine Rückschlagserscheinung aufzufassen. Überall ist er vergänglich.

Gelingt es somit, die Linsenbildung der Wirbeltiere in ein einheitliches Schema zu fassen, so ist die Brücke zwischen Wirbeltieren und Wirbellosen vorläufig nur mit dem nicht so sicheren Material der Hypothese zu schlagen. Man könnte die bekannte Vorstellung, daß die Linse der Wirbeltiere der Augenanlage der Wirbellosen homolog sei, sogar zu begründen versuchen. Denn die Anlage der Linse erfolgt bei den Wirbeltieren in derselben Weise wie die der übrigen Sinnesorgane dieser Tiere und wie die Sinnesorgane der Wirbellosen. Da in der Augenblase der Wirbellosen die Zellen der proximalen Wand der Anlage die Retina liefern, die der distalen aber auf verschiedene Weise eine Linse erzeugen, so würde der Vergleich offenbar an Überzeugungskraft gewinnen, wenn etwas Ähnliches sich an der Linsenanlage der Wirbeltiere vollzöge. Mir scheint dieser Vergleich nicht so ganz aussichtslos zu sein. Denn die abweichende Gestalt des Linsenkernes bei den Fischen und Amphibien, die Anlage jedes Säugetierlinsenkernes, die ohne Zellvermehrung aus den Zellen der hinteren Wand des Linsenbläschens geschieht, sind beides Erscheinungen, die im Verein mit dem allmählich erfolgenden Kernschwund in den zentralen Linsenzellen wohl auf ein rudimentäres Organ hinweisen. Die Hauptmasse der Linse wird überall von den Zellen der distalen Linsenwand geliefert. Bei den Wirbeltieren wäre dann die Anlage der Retina, wie sie sich bei den Wirbellosen ausbildet, rudimentär geworden und durch eine Neubildung ersetzt, die freilich in der Ontogenese der Wirbeltiere zeitlich früher auftritt als die vermutete, alte Erbschaft von den Wirbellosen her.

§ 11. Die Regeneration der Linse. Bei erwachsenen Säugetieren und dem Menschen ist bis jetzt nach Entfernung der Linse keine Regeneration beobachtet worden. Wohl hat Wessely am wachsenden Säugetier eine Neubildung der entfernten Linse vom Epithel der zurückgebliebenen Kapsel nachgewiesen. Wie aber bei den Wirbellosen nach Entfernung des ganzen Auges ein neues sich bildet, so entsteht auch nach Colucci's Entdeckung, die von Wolff, Kochs (133) u. a. bestätigt wurde, bei den Amphibien und Amphibienlarven eine neue Linse, wenn die alte mit der Kapsel künstlich aus dem Auge entfernt wurde. Beim erwachsenen Triton und Salamander wird die fehlende Linse in folgender Weise regeneriert. Die Zellen der Pars iridica retinae werden pigmentfrei und bilden ein Bläschen. Aus den hinteren, höher gewordenen Zellen dieses Bläschens entwickeln sich Linsenfasern; die neue Linse löst sich von der Iris ab und gelangt in die Pupille.

Da die embryonale Linse vom Ektoderm gebildet wird, so wird die Erscheinung der Linsenregeneration bei Triton insofern von einschneidender Bedeutung, als die Regeneration, soweit die Beobachtung lehrt, von einem anderen Mutterboden ausgeht als dem bei der ersten Entwicklung der Linse im Embryo verwandten. Immerhin zeigen die von Fischel angestellten Experimente, daß ausschließlich die obere Irishälfte und nach ihrer Entfernung niemals die untere, sondern dann der vorderste, dem Margo ciliaris entsprechende Abschnitt der Retina die entfernte Linse regeneriere. Die Beziehungen der Augenblase zum Auftreten und zur Entwicklung der Linse sind noch nicht völlig geklärt; wohl aber haben die Versuche von W. H. Lewis gezeigt, daß die Linse auch aus anderen Bezirken des Ektoderms entstehen könne, als dem direkt über der Augenblase gelegenen. Vielleicht gibt eine erneute Revision der Entwicklungsvorgänge in der embryonalen Tritonenlinse weiteren Aufschluß in dieser so ungemein wichtigen Frage.

Bei blinden Fischen ist nach Kupffer, Price und Eigenmann zwar eine Linsenanlage vorhanden; sie geht aber später wieder zugrunde. Johannes Müller hatte bei den erwachsenen Myxinoiden keine Linse gefunden und Stockard das Verschwinden der in jungen Embryonen von Bdellostoma Stouti angelegten Linse auf das Zurückweichen des Augenbechers zurückgeführt. Er glaubte auf diese Weise seine embryologischen Beobachtungen in Beziehung zu Spemann's und Lewis' Experimenten bringen zu können. In der Tat legt sich, je älter der Embryo von Bdellostoma wird, um so mehr Mesoderm zwischen Linsenanlage und Augenbecher, bis schließlich die in die Tiefe gerückte Retina mit dem Glaskörper durch eine breite Mesodermschicht von der jetzt nach Schwund der Linsenanlage wieder glatt gewordenen Epidermis getrennt ist. Ob aber die kausale Beziehung besteht, wie sie Stockard annimmt, kann nicht als ausgemacht gelten.

§ 12. Die Iris. Die Auffassung der Irisentwicklung wurde durch eine ungefähr gleichzeitige Entdeckung Lieberkühn's und Kessler's in einer Weise beeinflußt, daß auf diese beiden Autoren unsere heutigen Anschauungen im wesentlichen zurückzuführen sind. Die Iris zerfällt ihrer Entstehung nach in einen epithelialen und mesodermatischen Teil. Bis jetzt war es bekannt, daß der epitheliale Teil die Verlängerung des vorderen Augenblasenrandes darstelle und das anfänglich immer deutlich zweischichtige, hintere Irispigment liefere; ich kann hinzufügen, daß bei Vögeln und Säugetieren auch der M. sphincter pupillae und der M. retractor lentis der Fische aus der Augenblase entstehen[1]). Das Mesoderm liefert nur den bindegewebigen Teil.

Fig. 29.

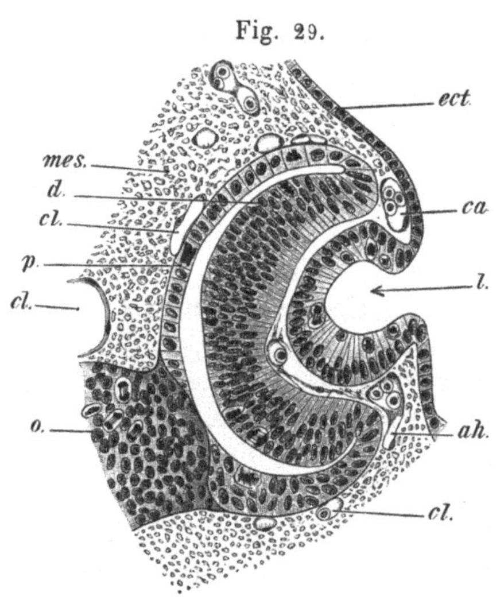

Schnitt durch die Augenanlage eines 6 mm langen Mäuseembryos. *ect.* Ektoderm, *ca.* Gefäß in der Gegend der künftigen Iris, *l.* Linsengrube, *ah.* Glaskörpergefäß, *cl.* Gefäße im Mesoderm an der Wand der Augenblase, *mes.* Mesoderm, *d.* distale und *p.* proximale Wand der sekundären Augenblase, *o.* Optikusstiel, seitlich und im Längsschnitt getroffen. (Vergr. Leitz, Syst. 5, Ok. 2.)

Die niederen Wirbeltiere unterscheiden sich durch eine geringere Entwicklung des Mesoderms gegenüber den Säugetieren; daher läßt sich die Irisentwicklung der Säuger nicht ohne weiteres aus den Befunden bei den vorhergehenden Klassen verstehen. Es fehlt vor allen Dingen eine Mesodermschicht, welche der Linse anliegt und von der Kornea getrennt ist. Die ganze vordere, gefäßhaltige Linsenkapsel und die Membrana pupillaris kommen nur den Säugern zu.

Geht man von frühen Stadien der Säugetierentwicklung aus, etwa dem in Fig. 29 von einem 0,6 cm langen Mäuseembryo dargestellten, so ist wegen der noch offenen Linsengrube sowohl die Augenblase als das Mesoderm nicht weit gegen das Ektoderm vorgerückt. Aber auch später, wie in dem in Fig. 30 abgebildeten Stadium, im Beginn der Linsenfaserentwicklung, liegt die vordere Linsenwand dem Ektoderm noch zum größten Teil dicht an.

Mittlerweile hat sich das Pigment im äußeren Blatte der sekundären Augenblase entwickelt; der Umschlagsrand der Augenblase ist der Linse näher gerückt. Ungefähr am Äquator der Linse ist ein Ringgefäß vorhanden, das auch schon in der Fig. 29 sichtbar war. Das Mesoderm

1) Aus der Augenblase stammt auch die Decke des Vogelspekten und nach Grynfeltt der M. dilatator pupillae.

schiebt sich keilförmig zugespitzt von dieser Gegend aus zwischen Epidermis und Linse vor und hängt, wie dies auf der rechten Seite der Abbildung sich zeigt, auch mit dem Mesoderm des Glaskörpers zusammen. Schließlich erfolgt vor der Mitte der Linse die Verwachsung des vorwuchernden Mesoderms, das dann die Anlage der Kornea, des bindegewebigen Teiles der Iris und der Pupillarmembran darstellt. Die Linse ist völlig vom Ektoderm durch das Mesoderm abgedrängt. In der vor der Linse herziehenden

Fig. 30.

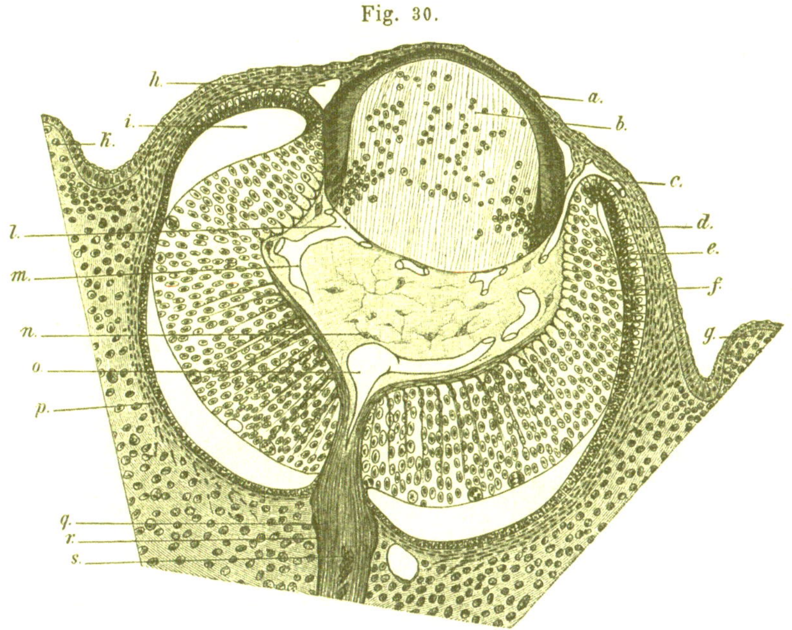

Querschnitt durch das Auge eines 8 mm langen Embryos von Vespertilio murinus.

a. Ektoderm, *b.* Linse, *c.* Anastomose von Ziliar- und Glaskörpergefäßen, *d.* Mesoderm, Anlage der Sklera und Chorioidea, *e.* Pigmentschicht der Retina, *f.* die übrigen Schichten der Retina in der Entwicklung *g.* Lidanlage, *h.* Ringgefäß in der Gegend der künftigen Iris, *i.* primäre Höhle der Augenblase, *k.* Lidanlage, . Linsenkapselgefäße, *m.* Glaskörper, *n.* Zellen und Zellenausläufer im Glaskörper, *o.* Arteria hyaloidea, *p.* Anlage der Sklera und Chorioidea, *q.* Nervus opticus, *r.* Scheide des N. opticus, *s* zellige Reste der Optikushöhle.

Lage des Mesoderms entsteht ein Spaltraum, die Anlage der vorderen Augenkammer. Gegen das Ektoderm zu liegt jetzt die bindegewebige Anlage der Kornea, linsenwärts die Membrana pupillaris und im Winkel, wo sich diese beiden Teile vereinigen, auf der bis jetzt nur wenig gegen die Linse vorgeschobenen Augenblase, der mesodermatische Anteil der Iris.

Von nun an beginnt die Augenblase kräftiger zu wuchern, um ihre Bestandteile in Iris und Ziliarkörper hineinzubringen.

Das äußere Blatt der sekundären Augenblase hat, wie die Fig. 30 erläutert, schon Pigment aufgenommen, das innere hat sich, nachdem es eine Zeitlang durch Streckung verdünnt war, wieder verdickt. Mit dem Ausziehen des Augenblasenrandes gegen den vorderen Linsenpol beginnt das Pigment von dem äußeren Blatt auch auf das innere eine Strecke weit überzugreifen.

Das Übergreifen der Pigmentierung am Umschlagsrande der Augenblase vom äußeren Blatte auf das innere geht zu verschiedenen Zeiten bei verschiedenen Tieren vor sich. Beim Lachs sind nur wenige Zellen dicht am Pupillarrande in der inneren Lamelle pigmenthaltig geworden zu einer Zeit

Fig. 31.

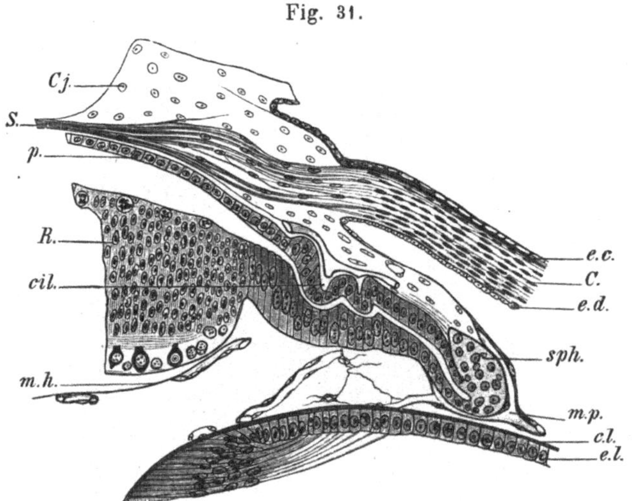

Teil eines Schnittes durch die vordere Hälfte des in FLEMMING'scher Flüssigkeit gehärteten Auges einer zwei Tage alten weißen Maus.

Cj. Konjunktiva, *ec.* Epithel der Kornea, *C.* Substantia propria corneae, *ed.* Epithel der DESCEMET'schen Membran, *sph.* Anlage des M. sphincter pupillae, *mp.* Membrana pupillaris (in ihr Anastomosen von Glaskörper- und Irisgefäßen), *cl.* die kutikulare Linsenkapsel, *el.* vorderes Epithel der Linse, *mh.* Grenzkontur des abgehobenen Glaskörpers, *cil.* Anlage der Ziliarfortsätze, *R* Retina, *p.* Pigmentschicht, *S.* Sklera und Chorioidea. (Vergr. LEITZ, 5, Ok. 0.)

(100 Tage alt), wo die Augen schon lichtempfindlich sind. Bei Tritonen bleibt die innere Lamelle vom Umschlagsrande aus zeitlebens pigmentfrei.

Fig. 31 stellt ein Stadium dar, das die Bedeutung des vorderen Augenblasenrandes für die Irisbildung zu erklären geeignet erscheint. Pigment ist nicht eingezeichnet, weil das Präparat von einer zwei Tage alten weißen Maus genommen ist.

Die Zellen der äußeren Augenblasenwand sind niedrig, soweit sie in das Gebiet der schon ziemlich weit entwickelten Retina gehören; nach vorn zu werden sie höher. Im Präparat, das nicht ganz im Längsverlauf der entstehenden Ziliarfortsätze geschnitten ist, finden sich zwei Einbuchtungen, in die Blutgefäße hineinragen. Weiter gegen die Pupille zu nimmt die Höhe der Zellen wieder ab, bis der äußerste Rand mit einer kolbigen und etwas rückwärts überhängenden Verdickung in die innere Lamelle der Augenblase überleitet. Das Epithel dieser Lamelle wird gegen die Retina zu höher und folgt an den Stellen, wo die Ziliarfortsätze schon in der äußeren Lamelle angedeutet sind, den Einbuchtungen nicht.

Diesem von der Augenblase gelieferten Material liegt ein lockeres Bindegewebe auf, das sich nach rückwärts in die äußeren Augenhäute und von dem Winkel aus, wo nach außen und vorn die Kornea abgeht, in das Epithel der Membrana Descemetii fortsetzt.

Von der Glaskörpergegend her zieht ein Blutgefäß, das sich mit einem der Iris aufgelagerten vereinigt und so die Versorgung der Membrana pupillaris aus der Arteria hyaloidea und den Ziliar-(Iris-)arterien demonstriert.

Bei einer 10 Tage alten weißen Maus hat sich die Iris bedeutend verlängert (vgl. Fig. 32); die Ziliarfortsätze sind weit ausgebuchtet und enthalten Blutgefäße. Der epitheliale Irisbelag auf der Rückfläche ist abgeplattet; die Zellen der beiden Lagen haben durch den in Fig. 31 sie noch trennenden Raum anastomosierende Fortsätze getrieben. Die Zahl

Fig. 32.

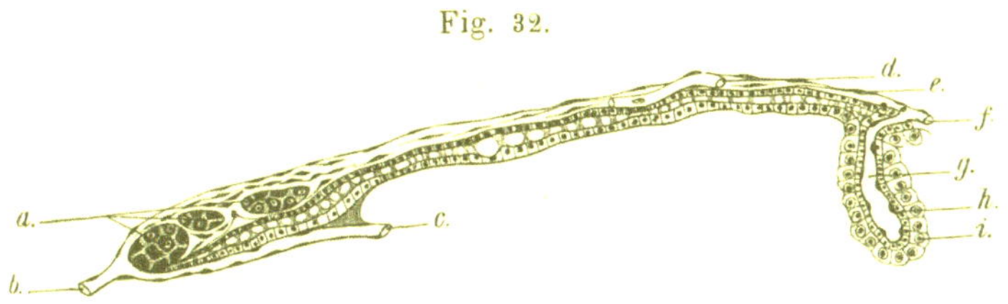

Schnitt durch Iris und Ziliarkörper einer 10 Tage alten weißen Maus.
a. Musculus sphincter pupillae, *b.* Blutgefäß der Pupillarmembran, dessen einer zuführender Ast *c.* von den Linsengefäßen abgeschnitten ist, *d.* Gefäß der Iris, *e.* Bindegewebe der Iris, *f.* Ziliargefäß, *g.* Bindegewebe und Gefäß, *h.* inneres *i.* äußeres Epithel des Ziliarfortsatzes. (Vergr. Leitz, 5, Ok. 0.)

der Zellen ist vermehrt, ihre Größe hat abgenommen. Der kolbige Fortsatz am freien Rande hat sich abgelöst und ist durch das Mesoderm auf der Außenfläche der Iris in drei Abteilungen gesondert, die die Bündel des M. sphincter iridis darstellen. Andere glatte Muskeln, wie M. dilatator pupillae, M. ciliaris sind um diese Zeit noch nicht vorhanden.

Beim Menschen ist das in Fig. 32 von der neugeborenen weißen Maus dargestellte Stadium im fünften Schwangerschaftsmonat ausgebildet. Der M. sphincter pupillae ist vorhanden. Im Stroma der Iris ist noch kein Pigment abgelagert. Wohl aber enthalten beide Blätter der Augenblase, welche die Iris auf ihrer Innenfläche überziehen, Pigment in allen ihren Zellen wie das echte Retinaepithel. Auch der M. sphincter pupillae ist um diese Zeit noch pigmenthaltig. Erst später schwinden die Pigmentkörnchen aus seinen glatten Muskelfasern, die von den pigmentierten vorderen Zellen am freien Augenblasenrande abstammen. Beim 13 Tage alten Kaninchen findet sich die Entwicklung auf derselben Höhe wie beim fünfmonatigen menschlichen Embryo. Beide Lagen des hinteren Irispigmentes sind vorhanden und der M. sphincter pupillae ebenfalls; seine Fasern sind noch pigmenthaltig. Die tiefere Lage der hinteren Irispigmentschicht geht in das pigmentierte Retinaepithel über; die oberflächliche Pigmentschicht hinter der Iris verliert auf der Höhe der Ziliarfortsätze ihr Pigment. Im Stroma der Iris führen die Bindegewebszellen wie die der Chorioidea um diese Zeit beim Kaninchen schon Pigment. Die hinteren Längsfalten der Iris, die beim erwachsenen Menschen und den Säugetieren in der Flucht der Ziliarfortsätze, nur zahlreicher als diese, gegen die Pupille hinziehen, fehlen; die ganze Iris ist auf beiden Flächen glatt. Somit wird die Bildung der Teile bei normalen, nicht albinotischen Säugern durch das Auftreten von Pigment in den beiden der Iris anliegenden Wänden der Augenblase kompliziert. Aus dem M. sphincter pupillae wird es erst später wieder resorbiert.

O. Schultze (139b) fand bei seinen Untersuchungen menschlicher Embryonen im Anfang des vierten Monats den Netzhautrand am Margo ciliaris noch glatt; die Processus ciliares erscheinen erst um die Mitte des vierten Monats.

Die Gestalt der Iris wird durch die Wachstumsrichtung der Augenblase und bei den Säugern außerdem noch durch die Bildung und das Vergehen der Pupillarmembran bedingt.

Das Stroma der Iris stammt vom Mesoderm, die doppelte Lage des hinteren Irispigmentes von der Augenblase. Von den Muskeln der Iris hat der M. sphincter pupillae von den vorderen Zellen des freien Augenblasenrandes abgeleitet werden können. Grynfeltt (140a) entdeckte die Bildung des M. dilatator pupillae aus dem äußeren Blatt der Augenblase, an der Stelle, wo es zum Pigmentblatt der Iris wird. Der Akkommodationsmuskel hat bis jetzt nicht auf Elemente der Augenblase zurückgeführt werden können, wie dies Herzog des näheren ausgeführt hat. Bestätigungen der Nussbaum'schen Entdeckung lieferten A. Szili, Herzog und Forsmark auch für den Menschen. Heerfordt stellte nach Grynfeltt Untersuchungen über die Entwicklung des M. dilatator pupillae aus dem Irisepithel an. Nach Szili ist beim 10 cm langen menschlichen Embryo die Anlage des M. sphincter pupillae zu finden, die des M. dilatator pupillae nach Heerfordt in der 24.—30. Schwangerschaftswoche.

§ 13. Die Membrana pupillaris ist von Wachendorf im Jahre 1738 entdeckt, später durch Haller, Albin, Zinn und Rudolphi, am genauesten durch Henle (3) und J. Müller beschrieben worden.

Solange die Linse noch nicht abgeschnürt ist, fehlt selbstverständlich eine Membrana pupillaris, und sobald das Mesoderm von den Rändern und aus dem Glaskörperraum her weit genug vorgewachsen ist, bildet sie mit der gefäßhaltigen Linsenkapsel eine Schale, die die Linse umschließt, der vorn das Ektoderm aufliegt, und die über den Umschlagsrand der sekundären Augenblase sich in das um das Auge herumgelagerte Mesoderm fortsetzt. Bei Säugetieren und dem Menschen scheidet sich durch Vermehrung und Spaltbildung ihr Zellenmaterial in den bindegewebigen Teil der Kornea und in die Pupillarmembran. Derartige Spaltbildungen kommen im Bindegewebe vielfach vor; am leichtesten ist ihre Bildung bei der Entstehung der Hautlymphsäcke der ungeschwänzten Batrachier zu verfolgen. Aber auch die Gelenkspalten entstehen auf dieselbe Weise, ebenso die perilymphatischen Räume im Ohre, die Spaltbildung zwischen den Hirnhäuten und die der Tenon'schen Kapsel.

Bei niederen Wirbeltieren tritt diese Sonderung nicht auf; eine Pupillarmembran fehlt; das ganze Mesoderm wird zur Kornea und schiebt sich erst später mit der vorwachsenden Augenblase bis zum Pupillarrande als das Mesoderm der Iris vor.

Wächst bei den Säugetieren und dem Menschen die Augenblase linsenwärts weiter, so wird die Pupillarmembran peripher auseinander gedrängt und liefert, soweit die Augenblase reicht, vorn das Stroma der Iris; hinter der Iris stellt sie die Vereinigung der gefäßhaltigen, bindegewebigen Linsenkapsel mit der Pupillarmembran dar, als welche sie in der zentralen, nach und nach eingeengten Lücke der Iris vor der Linse eingespannt ist.

Werden die Verzweigungen der Arteria hyaloidea an der gefäßhaltigen Linsenkapsel resorbiert, so schwinden die Elemente der Linsenkapsel, soweit sie hinter der Iris gelegen sind; die vor der Iris befindlichen können dagegen, worauf schon O. Schultze (114) hingewiesen hat, als Membrana pupillaris persistieren, da sie aus den Ziliararterien ihr Blut erhalten und nach rückwärts in die Linsenkapsel kein venöser Abfluß vorgesehen ist: alles Blut der Linsenkapsel und der Pupillarmembran fließt vielmehr durch die Venen der Iris ab. Beim normalen Gange der Entwicklung wird die Pupillarmembran von der Mitte aus resorbiert. Sie verschwindet bis zu der Stelle, wohin die Augenblase vorgedrungen ist, und erzeugt auf diese Weise die Pupille. Nach dem Schwund der Pupillarmembran kann der pigmentierte Umschlagsrand der Augenblase bei den Tieren in verschieden hohem Grade noch den freien Rand der Pupille überziehen.

Beim Menschen ist die Pupillarmembran im dritten bis vierten Monat schon vorhanden, im achten Monat noch erhalten; vor der Geburt ist sie gewöhnlich resorbiert. Bei den blindgeborenen Jungen der Säugetiere kann die Pupillarmembran noch deutlich nachgewiesen werden; sie geht erst zur Zeit, wenn die Lidspalte sich öffnet, verloren. Wie Fig. 32 zeigt, ist sie bei der 10 Tage alten und bis dahin noch blinden Maus nicht geschwunden.

§ 14. Die Ziliarfortsätze. Das erste Auftreten der Ziliarfortsätze findet man in Fig. 31 (S. 42) von der weißen Maus dargestellt. Während vorher das äußere Blatt der sekundären Augenblase dem Mesoderm glatt anlag, hat es um diese Zeit (2 Tage altes Tierchen) niedrige Ausbuchtungen entwickelt, in die schon Blutgefäße hineinragen. Erst später folgt, wie Fig. 32 erläutert, die innere Wand der sekundären Augenblase diesen welligen Erhebungen der äußeren Wand. Was die Pigmentierung der Teile anlangt, so ist nur das Blatt, welches den Blutgefäßen der Processus ciliares zunächst liegt, pigmentiert, das andere, dem Glaskörper zugewandte, dagegen nicht.

Die erste Entwicklung der Processus ciliares beginnt nach Seefelder und Wolfrum beim menschlichen Embryo am Ende des dritten Monats.

Beim fünfmonatigen sind sie schon fertig; sie stehen dichter als beim Erwachsenen; auf denselben Raum, den drei im Auge des Erwachsenen einnehmen, kommen sieben beim fünfmonatigen Embryo. Ihre Zahl nimmt also nicht weiter zu, wohl aber ihre Länge.

Die Entstehung der Processus ciliares bedingt eine große Oberflächenvergrößerung und erlaubt somit den Blutgefäßen, die in die Fortsätze eindringen, eine stärkere Entfaltung.

§ 15. Die Zonula Zinnii ist eine Differenzierung im Bereiche der vorderen Glaskörperzellen. Es hat zwar in neuerer Zeit nicht an Stimmen gefehlt, welche, wie Schön (127), die Zonulafasern von den verlängerten Zellen des Ziliarepithels ableiten wollen. Da aber Schön nur an Kindern und Erwachsenen seine Untersuchungen angestellt hat, so ist ihm natürlich auch die Entstehung der Zonula entgangen. Irrig sind auch seine Vorstellungen über das Pigment der Iris. Ich habe bei 13 Tage alten Kaninchen die Zonulafasern als zu echten Bindegewebszellen gehörig erkennen können, die ebensowohl gegen die Linsenkapsel als gegen die unpigmentierten Zellen der Ziliarfortsätze mit pinselartigen, feinen Ausläufern gerichtet waren. Das Epithel der Ziliarfortsätze war dabei ganz glatt. Natürlich ist nicht ausgeschlossen, daß es später unter dem Zuge der Zonulafasern an den Insertionsstellen derselben spitz ausgezogen wird.

In allerneuester Zeit hat W. M. Baldwin (220) die Entstehung der Zonulafasern an jungen weißen Mäusen verfolgt. Aus seiner Darstellung hebe ich das Folgende hervor.

Bei 12 Stunden alten weißen Mäusen ist fast eine jede Zelle der inneren Lage des Ziliarepithels mit einer feinen, nach dem Augeninnern gerichteten Spitze versehen. Die Limitans interna hört an der Ora serrata auf; die Limitans externa kann man zwischen den beiden Epithellagen des Ziliarkörpers verfolgen.

Die apikalen Fortsätze der inneren Lage des Ziliarepithels verbinden sich mit Fibrillen mesenchymatischer Zellen. Von diesen Zellen gehen linsenwärts, ohne aber im Anfang die Linse oder ihre bindegewebige Kapsel zu erreichen, Fibrillen aus, die sich mit den Mesenchymzellen verbinden, welche den Blutgefäßen aufliegen, die den Raum zwischen Linse und Ziliargegend durchziehen. Erst später, wenn diese Blutgefäße geschwunden sind,

Fig. 33.

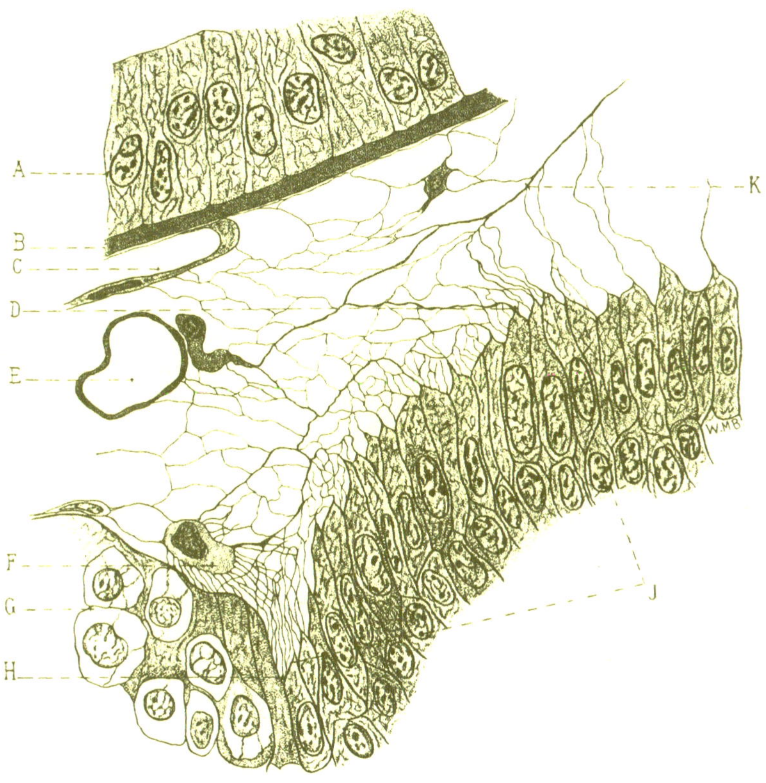

Teil eines Schnittes durch das Auge einer zwölf Stunden alten weißen Maus.

A Linsenepithel (distale Linsenfläche), *B* Linsenkapsel, *C* und *E* Querschnitte von Blutgefäßen. Dem Blutgefäßquerschnitt *E* liegt eine Zelle an, deren granulaerfüllte und in Hämatoxylin tiefgefärbte Fortsätze eine Stützmembran *K* für die Blutgefäße bilden. Einige dieser Fortsätze, so bei *D*, können direkt bis zu den apikalen Fortsätzen des inneren Ziliarepithels verfolgt werden. Bei *F* liegt eine große, unregelmäßig gestaltete helle Zelle, von der viele feine, helle Fortsätze entspringen. Dieser Zelltypus ist auf die Zonulagegend beschränkt und kommt sonst im Glaskörperraum nicht vor. Von ihr gehen die Zonulafasern des erwachsenen Tieres aus, die um die Zeit, aus der das Präparat stammt, noch nicht an die Linse heranreichen. Alle inneren Ziliarepithelzellen tragen einen apikalen Fortsatz, der denjenigen auf den später ausgebildeten Ziliarfortsätzen verloren geht; sie haben dann auch keine Zonulafasern mehr und liegen in der Region *J*. Die eigentliche Zonulagegend entsteht von der Ora serrata, *H*, bis zu einem kleinen distalen Teil der Anlage der Ziliarfortsätze, *J*, das ist in unserer Figur der keilförmige, kleine Raum, in der die Fortsätze der Zelle *F* eindringen. Vergr. 500 fach. (W. M. Baldwin, Arch. f. mikr. Anat. Bd. 80, Abt. 1, 1912.)

stellt sich eine Verbindung der Zonulafasern mit der Bindegewebskapsel der Linse her. Noch später dringen die Zonulafasern zwischen die Zellen des Ziliarepithels ein und heften sich nach Schwund der bindegewebigen Linsenkapsel an die bleibende homogene Linsenkapsel an. Die Fasern erfahren somit manche Wandlung, und ihre Verbindung mit den Epithelien ist nicht in allen Punkten aufgeklärt. Dagegen kann nicht bestritten werden, daß sie Elemente enthalten, die von Mesenchymzellen abstammen.

Somit ist die alte Vorstellung von Iwanoff und Lieberkühn über die Natur der Zonulafasern durch die neueren Untersuchungen nicht erschüttert worden. Von meiner Seite kann ich sie nur durchaus bestätigen; ebenso, daß die erste Anlage der Fasern schon erscheint, bevor die Gefäße der Linsenkapsel resorbiert sind, wie Lieberkühn dies im Gegensatze zu Iwanoff behauptet hat. Bei fünf Tage alten Kaninchen ist beides, Zonulafasern und vaskularisierte Linsenkapsel, vorhanden. Sobald die Zonula Zinnii sich entwickelt hat, ist der Glaskörperraum gegen die Lymphräume des vorderen Bulbusabschnittes abgeschlossen. Da ungefähr gleichzeitig die Pupillarmembran geschwunden ist, so wird um diese Zeit auch die Kommunikation der vorderen mit der hinteren Augenkammer hergestellt. Dies erfolgt beim Menschen vor, bei den blindgeborenen Säugetieren erst nach der Geburt.

§ 16. Die Beteiligung des Mesoderms am Aufbau des Auges. Die Entwicklung des Bulbus mit Ausnahme von Retina und Linse geht vom Mesoderm aus und zwar aus einer Anlage, die primär die Kornea, die Sklera, den bindegewebigen Teil der Iris, der Chorioidea und den Glaskörper als ein zusammenhängendes Ganzes darstellt, woraus erst später die einzelnen Teile örtlich differenziert werden. Denkt man sich die sekundäre Augenblase mit dem Augenspalt und der vorn eingesenkten Linse wie ein Tonmodell von einem Gipsbrei umgossen, so würde die von dem Modell abnehmbare Hohlform ein Bild des Mesoderms abgeben, an dem durch den Augenspalt, von den Rändern der Linse her, an dem Umschlagsrand der äußeren Augenblasenwand in die innere das Mesoderm kontinuierlich zusammenhängt. Die äußeren Teile liefern durch lokale Differenzierung Kornea und Sklera, Chorioides und Iris, die inneren nach Schluß des Augenspaltes und Heranrücken der Augenblase an die Linse den von den letztgenannten Teilen eingeschlossenen Glaskörper. Vor der Linse entstehen dann durch Spaltbildungen im Mesoderm die vordere und die hintere Augenkammer, die eine Zeitlang noch durch die Pupillarmembran voneinander getrennt bleiben; das Mesoderm in der nächsten Umgebung der Linse verdichtet sich zur gefäßhaltigen und, wie die Pupillarmembran, vergänglichen Linsenkapsel.

§ 17. Das Mesoderm bis zum Schlusse des Augenspaltes. Zur Zeit, wo die Augenblase aus dem Gehirn gegen das Ektoderm vorrückt, ist das Mesoderm des Kopfes noch ungemein spärlich entwickelt, und der Scheitelpunkt der Augenblase liegt, sobald er so weit vorgedrungen ist, dem Ektoderm oft direkt an (Fig. 34). Das Mesoderm wächst bei den verschiedenen Wirbeltieren zwischen Linse und Augenblase bald früher bald später hinein, bei Fischen und Vögeln später als bei Säugern. Aber bei allen sind in den ersten Stadien zwischen der Linsenanlage und der eingestülpten Augenblase nur wenige Zellen vorhanden; auch gegen die Abschnürungsstelle des Linsenstieles rückt das Mesoderm langsam vor, so daß, wie die Fig. 35 erläutert, noch bei 8 mm langen Fledermausembryonen, bei denen die Linsenfaserbildung schon begonnen hat, der Scheitel der Linse direkt dem Ektoderm anliegt. Anders verhält es sich in der Gegend des Augenspaltes. Man vergleiche hierzu die Fig. 36 von einem 11 Tage 17 Stunden alten Kaninchenembryo. Im Schnitt ist die spätere Arteria hyaloidea im Augenspalt getroffen. Die Linse ist eben in der Abschnürung begriffen. An den Linsenstiel reicht das Mesoderm nicht heran. Vom Augenspalt her ziehen sich

Fig. 34.

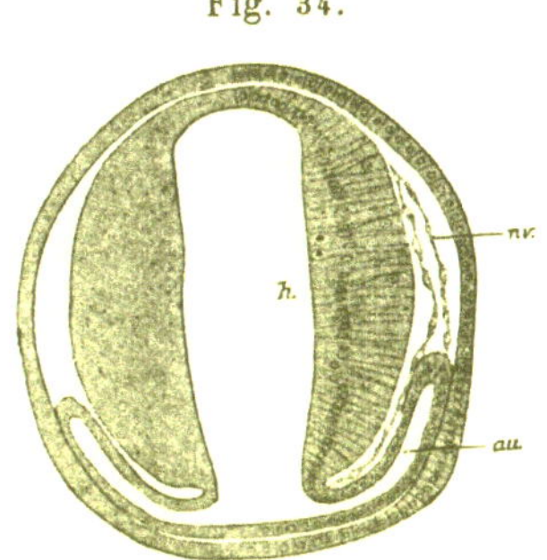

Schnitt durch den Kopf eines sechs Tage alten Embryos von Petromyzon Planeri. *au.* Augenblase, *h.* Hirn, *nv.* Nerv. Zellen nur rechts eingezeichnet. (Nach KUPFFER, Arch. f. mikrosk. Anat. Bd. 35, 1890.)

Fig. 35.

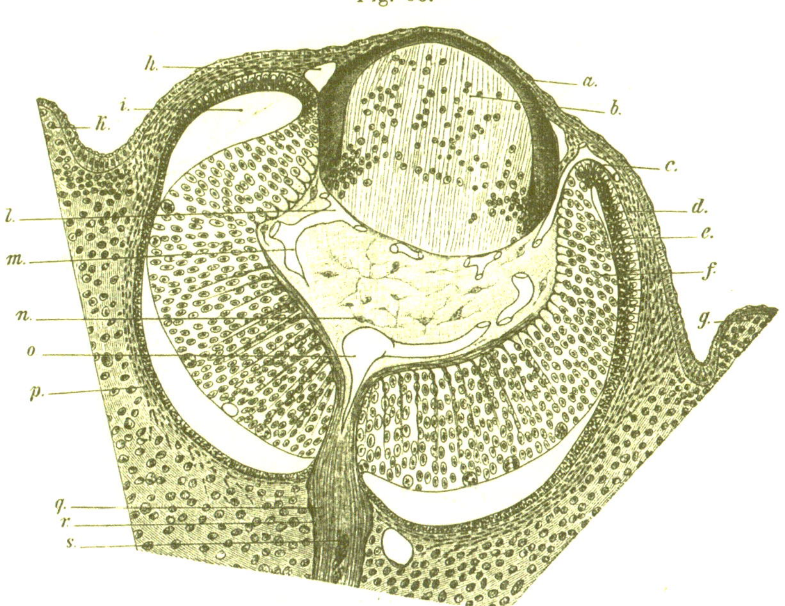

Querschnitt durch das Auge eines 8 mm langen Embryos von Vespertilio murinus.

a. Ektoderm, *b.* Linse, *c.* Anastomose von Ziliar- und Glaskörpergefäßen, *d.* Mesoderm, Anlage der Sklera und Chorioidea, *e.* Pigmentschicht der Retina, *f.* die übrigen Schichten der Retina in der Entwicklung, *g.* Lidanlage, *h.* Ringgefäß in der Gegend der künftigen Iris, *i.* primäre Höhle der Augenblase, *k.* Lidanlage, *l.* Linsenkapselgefäße, *m.* Glaskörper, *n.* Zellen und Zellenausläufer im Glaskörper, *o.* Arteria hyaloidea, *p.* Anlage der Sklera und Chorioidea, *q.* Nervus opticus, *r.* Scheide des N. opticus, *s* zellige Reste der Optikushöhle.

Bindegewebszellen zwischen Linsenanlage und sekundärer Augenblase hindurch. Der Glaskörperraum ist ein noch ganz enger Spalt. Schnitte, die nicht in der Richtung des Augenspaltes verlaufen, enthalten um diese Zeit wenig oder gar keine Zellen. Sehr zellenarm ist anfänglich der Glaskörperraum bei den Selachiern. Wie auch von Rabl hervorgehoben wurde, ist bei diesen Tieren die Linse schon abgeschnürt, der Glaskörperraum vertieft, und nur im Augenspalt sind Bindegewebszellen zu finden, obschon die Linse von einer Haut umgeben wird, die sich in den Glaskörper und in das Bindegewebe um die Augenblase herum verfolgen läßt.

Fig. 36.

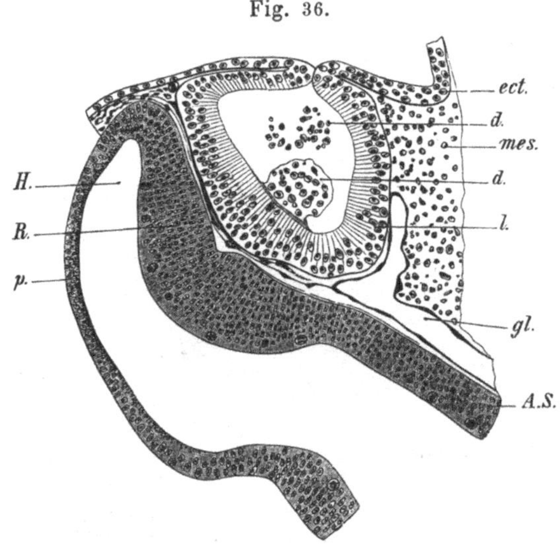

Schnitt in der Richtung der Augenspalte durch das Auge eines 11 Tage 17 Stunden alten Kaninchenembryos *A.S.* Augenstiel, *d.* vergängliche Zellen der Linsenanlage, *ect.* Ektoderm, *gl.* Glaskörpergefäß, *H.* die eingebuchtete primäre Höhle der Augenblase, *l.* Linsensäckchen, *mes.* Mesoderm, *p.* Pigmentschicht der Retina mit Beginn der Pigmentablagerung auf der Seite der primären Augenblasenhöhle, *R.* Anlage der Retina.

Das Bindegewebe und mit ihm die Blutgefäße dringen somit erst sekundär vom Rande der Linse und vom Augenspalt her vor. Hat sich der Augenspalt geschlossen, so steht bis zu einer sehr späten Zeit der Entwicklung der Glaskörper durch das Bindegewebe um die Linse herum mit dem übrigen Mesoderm noch in Verbindung.

§ 18. Der Entstehung der vorderen Augenkammer hat Seefelder in diesem Handbuch ein besonderes Kapitel gewidmet, worauf an dieser Stelle verwiesen sei. Angeführt soll nur werden, daß der Kammerraum nach ihm am Ende des fünften Embryonalmonats sich zu entwickeln beginnt und in der Hälfte des sechsten Monats fertig ist. Man wird dabei zu unterscheiden haben zwischen dem definitiven Kammerraum und dem primären Spaltraum zwischen Kornealanlage und Linse vor dem Auswachsen der Iris, wie er nach der in Fig. 42 wiedergegebenen Darstellung Kölliker's schon bei 21 mm langen menschlichen Embyronen gefunden wird. Ein ähnliches Bild zeigt ein 18 mm langer menschlicher Embryo, den ich zu untersuchen Gelegenheit hatte. Auch Keibel beschreibt diesen Spaltraum an 23 mm (Nacken-Steiß) und 26 mm (größte Länge) langen menschlichen Embryonen.

Die Verbindung zwischen vorderer und hinterer Augenkammer kommt erst nach dem Schwund der Pupillarmembran zustande, da die Pupillarmembran mit dem Stroma der Iris innig zusammenhängt.

§ 19. Die Entwicklung des Glaskörpers. Die erste, der Hauptsache nach richtige Vorstellung über die Entwicklung des Glaskörpers ist auf Schöler (18) zurückzuführen. Kölliker und Lieberkühn bekämpften mit beweisenden Gründen die hier und da aufgetauchte Meinung, der Glaskörper sei ein Transsudat; er ist in der Tat eine Bindesubstanz.

Fig. 37.

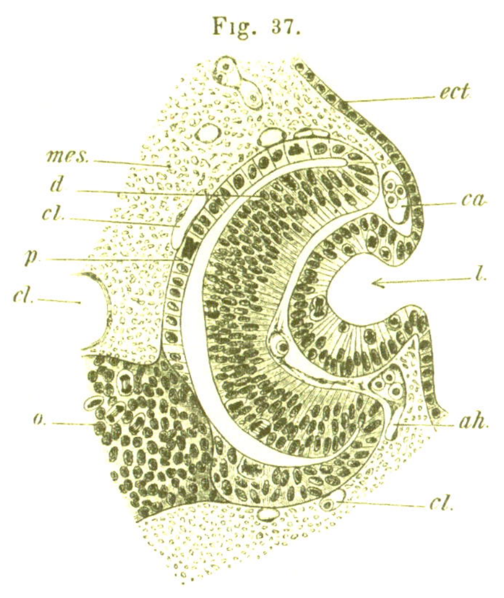

Schnitt durch die Augenanlage eines 6 mm langen Mäuseembryos. *ect.* Ektoderm, *ca.* Gefäß in der Gegend der künftigen Iris, *l.* Linsengrube, *ah.* Glaskörpergefäß, *cl.* Gefäße im Mesoderm an der Wand der Augenblase, *mes.* Mesoderm, *d.* distale und *p.* proximale Wand der sekundären Augenblase, *o.* Optikusstiel, seitlich und im Längsschnitt getroffen. (Vergr. Leitz, Syst. 5, Ok. 2.)

Die Ableugnung von Bindegewebszellen im Glaskörperraum von seiten Kessler's ist nicht für alle Tiere zutreffend; wenn sie auch für Kessler's Objekt, das Huhn, zutrifft. Es ist freilich auffallend, wie wenig Zellen sich anfänglich zwischen Linse und sekundärer Augenblase auch bei anderen Tieren finden; aber sie sind vorhanden, und die in den konservierten Präparaten vorhandenen Netze unterscheiden sich der Form nach von denen, die in der geronnenen Zerebrospinalflüssigkeit sich finden. Die Gerinnungsfiguren in der sekundären Augenblase und in den Hirnventrikeln erinnern an ausgepinselte Schnitte durch Lymphdrüsen ohne die eingelagerten Zellkerne. Die Netze im eben entstehenden Glaskörperraum sind viel feiner und enthalten wirklich Zellen, deren Ausläufer gut zu erkennen sind. Der Glaskörper führt schon an 8 mm langen Schafembryonen, also vor der Zeit, wo sie Kessler auf Grundlage seiner Fig. 83 noch leugnet, deutliche Bindegewebszellen;

am 1 cm langen Schafembryo ist der Glaskörper schon vaskularisiert, seine Ausdehnung, d. h. die Entfernung der Linse von der sekundären Augenblase aber nicht größer geworden und bei 1,4 cm langen Embryonen nur wenig gewachsen, obschon die Vaskularisation fortgeschritten ist.

Bei der Maus von 0,6 mm Länge mit offener Linsengrube sind schon Glaskörperzellen und eindringende Gefäße vorhanden. Der Glaskörperraum ist ein enger Spalt (vgl. Fig. 37), der sich erst allmählich zu seiner vollen Tiefe entwickelt.

Fig. 38.

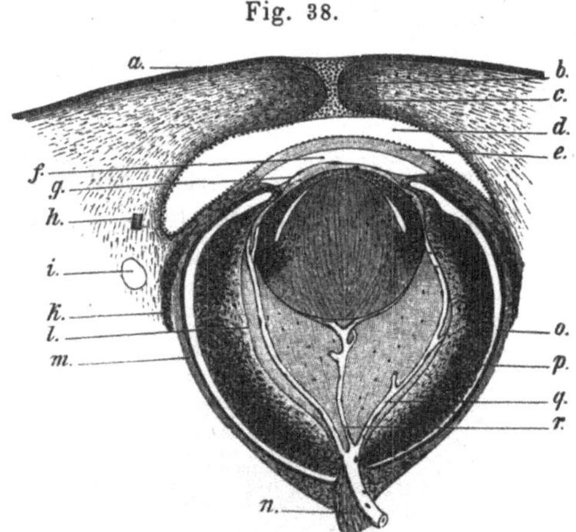

Schnitt durch das Auge eines beinahe ausgetragenen Mäusefötus. *a.* Anlage einer Zilie des oberen Augenlides, *b.* Epithelzellenbrücke in der Lidspalte, *c.* Anlage einer Meibom'schen Drüse im unteren Lide, *d.* Konjunktivalsack, *e.* Kornea, *f.* vordere Augenkammer, *g.* Membrana pupillaris mit den als kleine schwarze Spindeln eingetragenen Gefäßquerschnitten, *h.* Nervenzweig. *i.* Gefäßdurchschnitt, *k.* Musc. rectus superior, *l.* Membrana hyaloidea, *m.* Anlage der Sklera und Chorioidea, *n.* Nervus opticus, *o.* Pigmentschicht der Retina (äußeres Blatt der sekundären Augenblase), *p.* die übrigen noch zum Teil unfertigen Schichten der Retina (inneres Blatt der sekundären Augenblase), *q* Verzweigungen der Arteria hyaloidea im Glaskörper, *r.* die aus der Art. hyaloidea median entsprungene Art. capsularis lentis. In der Retina sind noch keine Gefäße entwickelt. Die Linse ist noch rund und besitzt noch einen feinen bogenförmigen Spalt nahe dem vorderen Pole unter der unverändert bleibenden Epithelschicht.

Das Aussehen des Glaskörperraumes wird mit der fortschreitenden Entwicklung beständig verändert. Abgesehen von den entstehenden und wieder vergehenden Gefäßen, die ihm selbstverständlich zu verschiedenen Zeiten ein verschiedenes Aussehen geben, ist seine Ausdehnung, sein Gehalt an Zellen und an gerinnbarer Substanz variabel.

Der Glaskörperraum erweitert sich, wie ein Vergleich der Figuren 37 und 38 ohne weiteres ergibt, mit dem Wachstum des ganzen Auges. Es ist aber keine passive Dehnung, der er seine Vergrößerung verdankt; die Zahl seiner Zellen nimmt zu; Mitosen sind nachweisbar. Auch die Deutlichkeit der Netze, die man an Schnittpräparaten zu Gesichte bekommt, wächst. In den Knotenpunkten dieser Netze liegen die Glaskörperzellen (Fig. 35, S. 49). Die periphere Schicht ist zur Membrana hyaloidea verdichtet. Diese Membrana hyaloidea hängt mit der gefäßhaltigen Linsenkapsel kontinuierlich zusammen (siehe Fig. 39), und erst wenn die Linsenkapsel zurückgebildet ist und mit ihr alle Gefäße geschwunden, die in ihr und im Glaskörperraume verliefen, ist der Glaskörper völlig abgeschlossen; freilich nicht eher, als bis die Zonula Zinnii sich zu dem zirkulären Lymphraume in der Gegend des Äquators der Linse entwickelt hat.

Außer den gewebebildenden Bindegewebszellen, den eigentlichen Zellen des Glaskörpers, findet man später auch Wanderzellen vor.

Dieser aus der zweiten Auflage übernommenen Darstellung von der Entwicklung des Glaskörpers, wie ich sie nach eigenen Präparaten gab, muß noch das Folgende hinzugefügt werden.

Die Untersuchungen S. Tornatola's (138a) über den retinalen Ursprung des Glaskörpers sind 1898 erschienen. Sie waren mir bekannt. Da ich aber an meinen Präparaten mich von der Richtigkeit seiner Angaben nicht

Fig. 39.

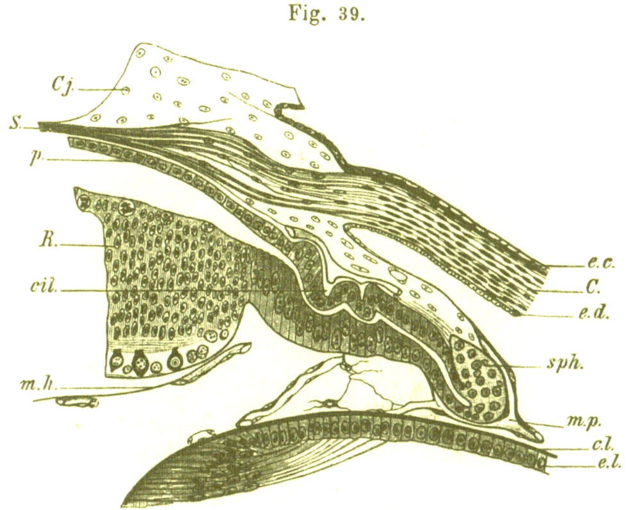

Teil eines Schnittes durch die vordere Hälfte des in Flemming'scher Flüssigkeit gehärteten Auges einer zwei Tage alten weißen Maus.

Cj. Konjunktiva, *ec.* Epithel der Kornea, *C.* Substantia propria corneae, *ed.* Epithel der Descemet'schen Membran, *sph.* Anlage des M. sphincter pupillae, *mp.* Membrana pupillaris (in ihr Anastomosen von Glaskörper- und Irisgefäßen), *cl.* die kutikulare Linsenkapsel, *el.* vorderes Epithel der Linse, *mh.* Grenzkontur des abgehobenen Glaskörpers, *cil.* Anlage der Ziliarfortsätze mit den zugehörigen Gefäßen, *R.* Retina, *p.* Pigmentschicht, *S.* Sklera und Chorioidea. (Vergr. Leitz, 5, Ok. 0.)

überzeugen konnte, Tornatola auch den mesodermalen Ursprung des Glaskörpers leugnete, so ging ich auf seine Arbeit nicht ein. Es unterliegt keinem Zweifel, daß das Mesoderm an dem Aufbau des Glaskörpers einen überwiegenden Anteil hat. Inzwischen sind jedoch von vielen Seiten Untersuchungen über die ektodermale Abkunft des primitiven Glaskörpers angestellt worden. An alten und neuen Präparaten, — den alten, die mir von früher her zur Verfügung standen, durch intensive Nachfärbung, — habe ich mich davon überzeugt, daß die Beobachtungen Tornatola's, C. Rabl's, A. Fischel's, Addario's, van Pee's und A. Kölliker's das Richtige treffen, wenn sie vor dem Eindringen des Mesoderms die durch Protoplasmafärbung nachweisbaren Fasern von den Zellen der undifferenzierten

Retinaanlage ableiten. Übrigens ist bei verschiedenen Tieren die Masse des Mesoderms in dem späteren Glaskörperraum sehr verschieden.

Nach der von A. Szili (181) begründeten Anschauung gibt es an allen Stellen des embryonalen Leibes feinfädige Verbindungen zwischen einander zugewandten Epithellagen und zwischen Epithel- und Bindegewebszellen. Es liegt somit kein Grund vor, an der Verbindung zwischen den Zellen der eben eingestülpten Linse und der Augenblase zu zweifeln, so daß der primäre

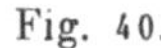

Fig. 40.

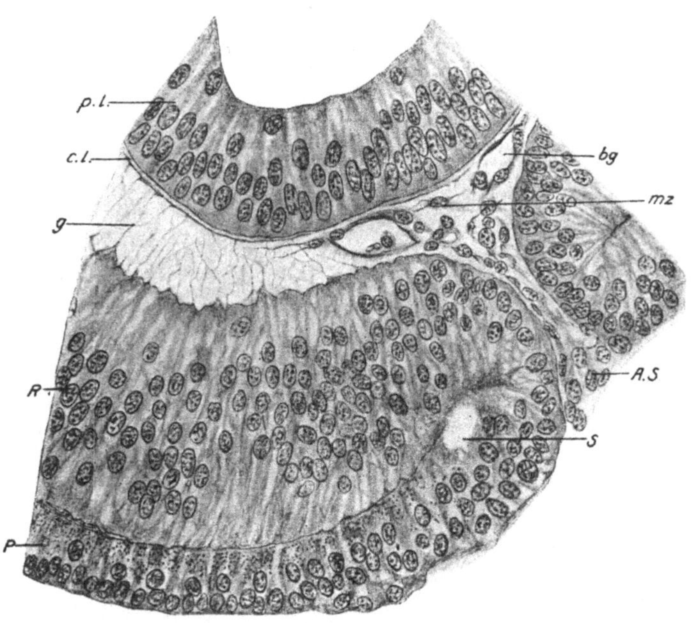

Teil eines Sagittalschnittes durch das Auge eines 10 mm langen in Sublimat konservierten Schweinsembryos. *A.S* Augenspalt, *bg* Blutgefäß, *c.l* die von den Linsenfasern abgehobenen verschmolzenen Fibrillen des Glaskörpers, *g* Fibrillen des Glaskörpers mit zapfenartigen Fortsätzen an den Zellen der Retina, *mz* Mesodermzelle, *P* Pigmentschicht der Retina mit Beginn der Pigmentbildung gegen die Retina zu, *p.l* Stück der proximalen Wand der noch bläschenförmigen Linse, *R* Retina, inneres Blatt der sekundären Augenblase, *S* Spaltraum am Übergangswinkel des inneren in das äußere Blatt der sekundären Augenblase.

Glaskörper von Verbindungsfasern dieser beiden Zellgruppen durchzogen würde. Lenhossék leitet zwar den ganzen Bestand an Glaskörperfibrillen von den Fortsätzen der Linsenzellen ab, doch ist diese Darstellung nicht zu halten; es bleibt jedoch Lenhossék's Verdienst, auf die Beteiligung von Fortsätzen der Linsenzellen am Aufbau des Glaskörpers zuerst hingewiesen zu haben. In Fig. 40 gebe ich einen Ausschnitt aus einem sagittal getroffenen Auge eines 10 mm langen Schweinsembryos. Die Fortsätze der Retina sind noch erhalten, die der Linse aber schon von den Linsenzellen abgetrennt und zu einer deutlichen Membran zusammengeflossen, an die sich die Retinafibrillen mit verdickten Enden festheften, nachdem sie den Glaskörperraum durchsetzt haben. Neben den Gefäßen sind einige wenige Mesodermzellen in der Gegend des Augenspaltes vorhanden; wie denn ja neben der Linse von vorn, oder, wie es der Lage der Augen um diese Zeit entsprechend richtiger ist, von der Seite mehr oder weniger Mesodermzellen und auch Gefäße in den Glaskörperraum hineingelangen. (Vgl. Fig. 21 und 41.) Die Fasern der mesenchymatischen Zellen sind derber und bilden Kugelschalen, während die Fasern von Retina und Linse radiär verlaufen.

Wer sich eingehender mit dem Studium der Augenentwicklung beschäftigt, wird die Schwierigkeit der Untersuchung von Glaskörper und Glaskörperentwicklung nicht leugnen wollen. Sobald der Glaskörper wasserreich geworden ist, werden durch seine Schrumpfung auch in den besten bis jetzt bekannten Fixierungsmitteln Hohlräume, Zerreißungen erzeugt, die das wirkliche Bild ganz erheblich verändern und entstellen.

Von der Entwicklung des menschlichen Glaskörpers gibt Kölliker an, daß er bei vierwöchentlichen Embryonen einen Durchmesser von etwa 0,17 mm habe und durch den vorn 0,07, hinten 0,03 mm breiten Augenspalt mit dem Mesoderm zusammenhänge. Im vorderen Segment des Augenspaltes drang eine Gefäßschlinge ein, die im unteren Drittel des Glaskörpers endigte. Einen ähnlichen Embryo hat später van Bambeke beschrieben; er vermißte die Gefäßschlinge, fand aber Bindegewebszellen im Glaskörperraume vor. Später beschrieb Kölliker einen ungefähr gleich alten menschlichen Embryo von 8 mm größtem geradem Längsdurchmesser vom Ende der vierten Woche, bei dem die Zellen im Glaskörperraume erkannt werden konnten, was bei dem zuerst beschriebenen Embryo nicht möglich war. Ein genaueres Eingehen auf die Glaskörpergefäße ergab eine etwas kompliziertere Verteilung derselben, als sie zuerst vermutet worden war. Somit sind unsere Kenntnisse über die Entwicklung des menschlichen Glaskörpers immerhin noch ergänzungsbedürftig.

Fig. 41.

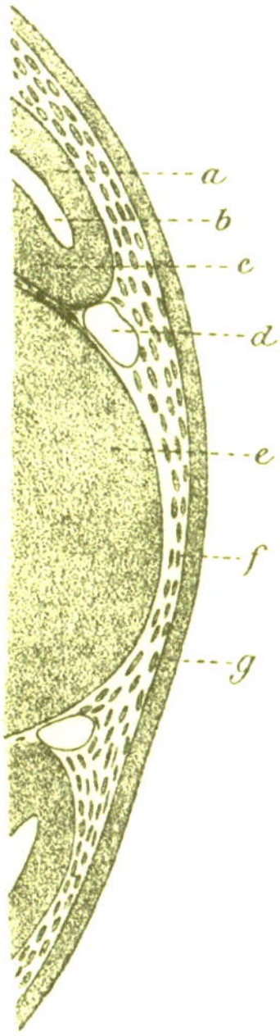

Schnitt durch das Auge eines 8 mm langen Embryos von Vespertilio murinus. Die apikale Peripherie der Linse ist getroffen. Mesoderm umgibt an dieser Stelle die ganze Linse.
a äußeres, *c* inneres Blatt der sekundären Augenblase, *b* ihre primäre Höhle, *d* Ringgefäß an der Grenze von Linse und Augenblase, *e* Linse, *f* Mesoderm: Anlage der Kornea und des Irismesoderms, *g* Ektoderm. (Vergr. Leitz, 5, Ok. 2.)

§ 20. Die Kornea. Erst die Arbeiten der letzten dreißig Jahre haben die Entstehung der Kornea aufzuklären vermocht. Zu nennen sind hier vor allen BABUCHIN, KESSLER, LIEBERKÜHN und KÖLLIKER. Wenn auch diese Autoren in Einzelheiten voneinander abweichen, so ist ihnen doch die Begründung zu verdanken, daß die Hornhaut sich von dem Mesoderm ableite und nichts mit der Augenblase zu tun habe.

Sobald die Linse abgeschnürt ist, dringen die Zellen des Kopfmesoderms gegen den Scheitel derselben vor und trennen auch diesen von seinem Mutterboden, dem Ektoderm ab. Zu den Seiten der Linse hatte das Mesoderm sich schon vorher vorgeschoben, wie ein Vergleich der Fig. 35 S. 49 mit Fig. 41 ergibt. Diese Figuren stellen den vorderen Pol und die apikale Fläche der Linse von demselben 8 mm langen Fledermausembryo dar. Bei der Schilderung der weiteren Entwicklung wird man sich weniger den Ausführungen KESSLER's als denen von LIEBERKÜHN und KÖLLIKER anschließen können. Nicht das Endothel der Membrana Descemeti ist, wie KESSLER mit Recht vom Huhn angibt, die älteste Schicht der zellenhaltigen Korneaanlage, sondern Kornea, Irismesoderm und Pupillarmembran entstehen bei den Säugetieren als solide Wucherung zwischen Ektoderm und Linse. Das Endothel der DESCEMET'schen Membran entsteht erst viel später. Bei den niederen Wirbeltieren bis zu den Vögeln aufwärts gibt es keine Pupillarmembran, und die eindringende Zellenmasse des Kopfmesoderms bedarf keiner Spaltung in Gewebszellen für die Kornea und die Pupillarmembran. Ob aber alle Zellen, die in dieser Gegend vor der Linse gefunden werden, ausschließlich durch Einwanderung von den Seiten her abstammen, oder ob nicht ein Teil derselben durch Teilung der zuerst eingewanderten entstehe, wird man jedenfalls nicht so bestimmt, wie KESSLER dies getan hat, behaupten können. Bei Lachsembryonen, die bis zum 100. Tage eine keineswegs dicke Kornea entwickeln, habe ich an Präparaten vom 60. Tage in den Mesodermzellen im Bereiche der Kornea Mitosen aufgefunden.

Wie also an der Peripherie der späteren Kornea die Mesodermzellen schon vor der Abschnürung der Linse sich finden, so rücken sie gegen das Zentrum der Kornea erst später vor und vereinigen sich zu einer einheitlichen Platte, die dann auch durch örtliche Zellvermehrung dicker wird.

Von der Grundsubstanz der eigentlichen Kornea kann bei den Säugern erst von dem Zeitpunkt an geredet werden, wenn sich die Pupillarmembran gesondert hat. Bei Fischen, Amphibien, Reptilien und Vögeln ist dagegen die Anlage der Kornea als solche mit dem Moment der Vereinigung des Kopfmesoderms vor der Linse gegeben. Nur im Iriswinkel lagert sich, wie durch eine Hohlkehle von der Kornea abgesetzt, ein Teil der Anlage auf die Ränder der Augenblase. Bei den niederen Wirbeltieren braucht die Pupille ja auch nicht erst sekundär gebildet zu werden; sie ist von vornherein vorhanden; sie wird freilich durch das nach dem vorderen Augenpol gerichtete Wachstum des Augenblasenrandes allmählich konzentrisch oder je nach der betreffenden Spezies auch in anderer Form eingeengt.

In Fig. 42 ist die Spaltung des Mesoderms in der Korneagrundsubstanz und die Pupillarmembran nebst dem Irismesoderm dargestellt. Der Spalt ist die erste Andeutung der vorderen Augenkammer; zwischen ihr und dem Ektoderm befindet sich jetzt die Anlage der Kornea. Die Abbildung ist von Kollmann nach einer Kölliker'schen Originalfigur umgezeichnet und nach dieser Zeichnung wiedergegeben worden.

Die weitere Entwicklung der Kornea besteht nun in der Abscheidung und Ordnung der Grundsubstanz, worauf offenbar die Angaben der Autoren zurückzuführen sind, daß die Kornea des Menschen erst vom Anfang des vierten Monats an durchsichtig wird. Anfänglich haben Kornea und Sklera den gleichen Bau; erst später tritt die Stratifizierung der Kornea ein. Bei einem fünfmonatigen menschlichen Embryo waren, dem Descemet'schen Epithel angelagert, eine Zahl von scharf abgesetzten Lamellen mit den ebenso genau orientierten Zellkernen vorhanden. Nach dem äußeren Kornealepithel dagegen entbehrten sowohl Zellen als Bindegewebsfaserzüge der Orientierung. Der vordere Teil des Kornealgewebes ging in das gleichbeschaffene Gewebe der Konjunktiva über, der stratifizierte Teil in die Sklera. Dagegen konnte ich an diesem menschlichen Embryo die erst schwach entwickelte Chorioides nur in das Mesoderm der Iris verfolgen; am Kornealfalz hörte sie keilförmig zugespitzt auf. Entwickelt sich später die Membrana Descemeti deutlicher, so wird sie, wie Manz (50) zuerst angegeben hat, als die Fortsetzung des chorioidalen Teiles der Kornea des Menschen erscheinen. Wie dies schon Waldeyer zusammengefaßt hat, sind die drei Lagen der Kornea, die kutane, sklerale und chorioidale, nicht bei allen Tieren gleichmäßig ausgebildet. Am wenigsten Andeutung einer Dreiteilung fand ich bei der Maus (vgl. Fig. 43); am deutlichsten soll sie beim Schwein vorhanden sein.

Fig. 42.

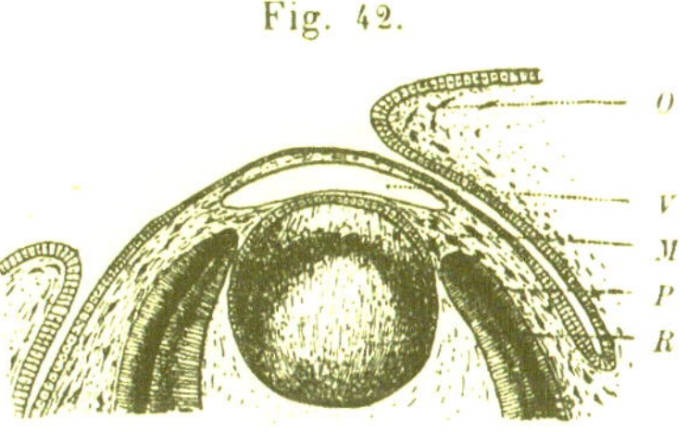

Vertikalschnitt der vorderen Augenhälfte eines menschlichen Embryos von 21 mm Scheitelsteißlänge (8—9 Wochen). Kölliker's Fig. 9 »Zur Entwicklung des Auges usw. 1893« nach Kollmann's Modifikation.
O oberes Lid, *V* vordere Augenkammer, *M* Mesoderm, *P* äußeres, *R* inneres Blatt der sekundären Augenblase.

Die Membrana Descemeti oder elastica posterior ist ein Bildungsprodukt derjenigen Zellen, welche beim Auftreten des Spaltes der vorderen Augenkammer die Kornea gegen diesen Spalt hin begrenzen. Solche Resorptionsspalten sind am besten bekannt und am leichtesten in ihrer Entwicklung zu verfolgen bei den Hautlymphsäcken der anuren Batrachier. Zuerst nicht von den übrigen Bindegewebszellen unterschieden ordnen sich die dem Lymphspalt anliegenden Zellen nach Art eines einschichtigen Epithels; bei jüngeren Embryonen können sie sogar eine nicht unansehnliche Höhe erreichen; erst später werden sie, dem Charakter der meisten Endothelien entsprechend, abgeflacht. Bei der Maus kann man vom zweiten bis zehnten Lebenstage die Dickenzunahme der Membrana Descemeti gut verfolgen. KÖLLIKER gibt ihre Dicke beim neugeborenen menschlichen Kinde auf 3,8 bis 4,3 μ an, während beim Erwachsenen nach H. MÜLLER (22) die Membran am Rande bis 12 μ mißt.

Das Epithel der Kornea geht aus dem Ektoderm hervor, ist anfänglich einschichtig und erreicht erst spät die definitive Mächtigkeit. Bei einem fünfmonatigen menschlichen Embryo fand ich nur zwei Zellagen,

Fig. 43. 43.

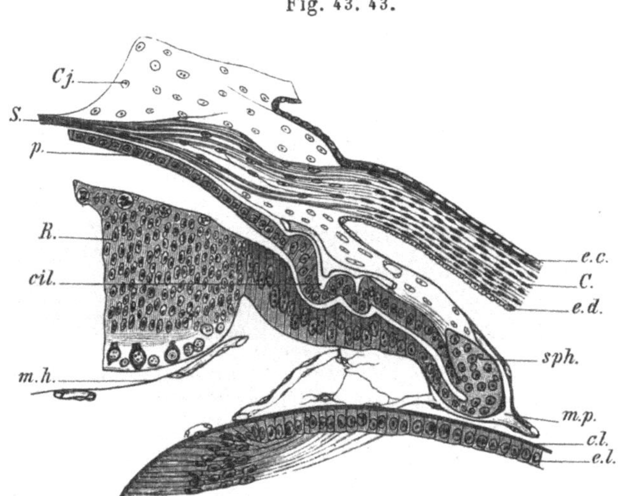

Teil eines Schnittes durch die vordere Hälfte des in FLEMMING'scher Flüssigkeit gehärteten Auges einer zwei Tage alten weißen Maus.

Cj. Konjunktiva, *ec.* Epithel der Kornea, *C.* Substantia propria corneae, *ed.* Epithel der DESCEMET'schen Membran, *sph.* Anlage des M. sphincter pupillae, *mp.* Membrana pupillaris (in ihr Anastomosen von Glaskörper- und Irisgefäßen), *cl.* die kutikulare Linsenkapsel, *el.* vorderes Epithel der Linse, *mh.* Grenzkontur des abgehobenen Glaskörpers, *cil.* Anlage der Ziliarfortsätze, *R.* Retina, *p.* Pigmentschicht, *S.* Sklera und Chorioidea. (Vergr. LEITZ, 5, Ok. 0.)

bei fünf Tage alten Kaninchen zwei, bei 13 Tage alten Kaninchen drei Zellagen, eine tiefere Lage kubischer und eine oberflächliche Lage abgeplatteter Zellen. Die mittlere Lage unter den abgeplatteten äußeren Epithelien der Kornea wird erst in einer späteren Zeit zu saftreichen Zellen entwickelt. Eigene Erfahrungen über das erste Auftreten LANGERHANS'scher Zellen und der Nerven der Kornea habe ich nicht gemacht. Gefäße habe ich in der Kornea nicht gefunden. Man nahm dies um die Zeit, als ich mich zum ersten Male mit der Entwicklungsgeschichte des Auges beschäftigte, allgemein an; HIRSCH hat es in einer besonderen Abhandlung vom Jahre 1906 nochmals hervorgehoben.

§ 21. Die Sklera, Chorioides und TENON'sche Kapsel sind, wie oben hervorgehoben wurde, Abkömmlinge des Kopfmesoderms. Ihre Sonderung untereinander und von den übrigen mesodermalen Bestandteilen des Auges tritt erst später auf. Von den hier in Frage kommenden Augenhäuten wird die Chorioides der Lage, wenn auch nicht ihrer typischen Ausbildung nach, zuerst angelegt. Untersucht man Embryonen aus der Zeit der beginnenden Linsenbildung, wie es in dem Schnitt durch einen 0,6 mm langen Mäuseembryo in Fig. 44 dargestellt ist, so findet man im Mesoderm, das der Augenblase anliegt, dicht an der äußeren Wand der sekundären Augenblase Blutgefäße, an einer Stelle also, wo später die Choriokapillaris sich findet. Dann ordnen sich die Zellen des Mesoderms (vgl. Fig. 45) in Zügen, die konzentrisch die Augenblase einhüllen und gegen den vorderen Pol des Auges zu mächtiger entwickelt sind als am hinteren Pole desselben. Es ist offenbar keine mechanische Begründung, wenn man diese Tatsache in die Form kleidet, die Augenblase übe einen richtenden Einfluß auf die Mesodermzellen aus. Die Richtung der Mesodermzellen ist vorhanden, der supponierte Einfluß der Augenblase bleibt hypothetisch. Vielleicht ist es aber dennoch erlaubt, von diesem Gesichtspunkte aus die Erscheinungen zu deuten, weil so die pathologische Spaltbildung der Chorioides und Sklera im Bereich des Spaltes der sekundären Augenblase verständlicher würde. Bleibt der Schluß der Augenspalte aus, so behält das Mesoderm an dieser Stelle den embryonalen Charakter und schließt sich nicht über den klaffenden Spalt. Durch das Wachstum des übrigen, in der Entwicklung vorangehenden Teiles der Sklera und Chorioides wird das Klaffen wie bei der Hasenscharte mit der Zeit an Intensität zunehmen müssen.

Fig. 44.

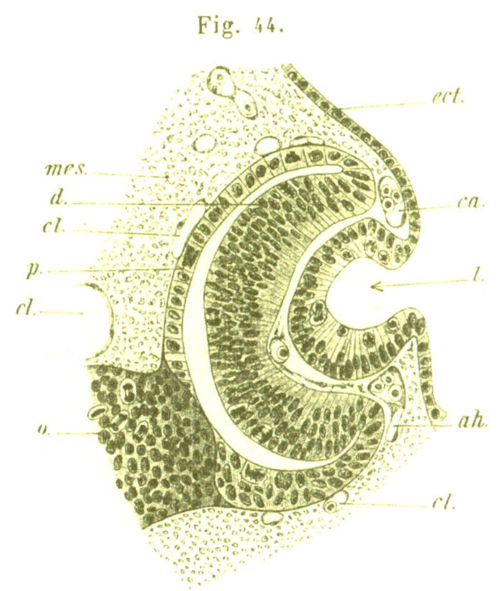

Schnitt durch die Augenanlage eines 6 mm langen Mäuseembryos. *ect.* Ektoderm, *ca.* Gefäß in der Gegend der künftigen Iris, *l.* Linsengrube, *ah.* Glaskörpergefäß, *cl.* Gefäße im Mesoderm an der Wand der Augenblase, *mes.* Mesoderm, *d.* distale und *p.* proximale Wand der sekundären Augenblase, *o.* Optikusstiel seitlich im Längsschnitt getroffen. (Vergr. LEITZ, Syst. 5, Ok. 2.)

Die vorliegenden Zeitangaben über eine deutliche Trennbarkeit der Chorioides von der Sklera und der Sklera von der TENON'schen Kapsel sind nicht genau genug.

Besser sind wir über den Zeitpunkt des Eintrittes der Pigmentierung in der Chorioides unterrichtet.

M. Schultze (38) fand die Chorioides 7 cm langer Schafembryonen pigmentlos; Kölliker (28) dasselbe am vierwöchigen menschlichen Embryo. In der Iris eines fünfmonatigen, gut erhaltenen menschlichen Embryos vermißte ich jede Pigmentierung, während das Pigmentblatt der Retina und das hintere Irisepithel dichtes schwarzes Pigment enthielt. Wie später,

Fig. 45.

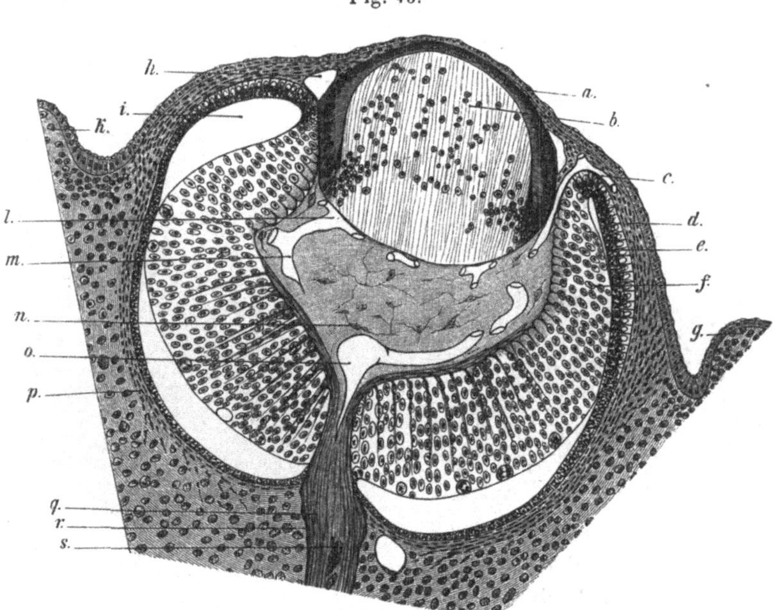

Querschnitt durch das Auge eines 8 mm langen Embryos von Vespertilio murinus.

a. Ektoderm, *b.* Linse, *c.* Anastomose von Ziliar- und Glaskörpergefäßen, *d.* Mesoderm, Anlage der Sklera und Chorioidea, *e.* Pigmentschicht der Retina, *f.* die übrigen Schichten der Retina in der Entwicklung, *g.* Lidanlage, *h.* Ringgefäß in der Gegend der künftigen Iris, *i.* primäre Höhle der Augenblase, *k.* Lidanlage, *l.* Linsenkapselgefäße, *m.* Glaskörper, *n.* Zellen und Zellenausläufer im Glaskörper, *o.* Arteria hyaloidea, *p.* Anlage der Sklera und Chorioidea, *q.* Nervus opticus, *r.* Scheide des N. opticus, *s.* zellige Reste der Optikushöhle.

so ist auch beim ersten Auftreten das Pigment der Retina, also das in der Augenblase entwickelte, durchaus verschieden vom Pigment des Uvealtraktus, nicht allein der Form der Zellen nach, sondern auch nach Farbe und Größe der einzelnen Pigmentkörnchen.

Gemäß den Untersuchungen von A. Rieke (109) beginnt die Pigmentbildung in der Chorioides individuell sehr verschieden beim Menschen; frühestens im siebenten Monat der Embryonalperiode. Die Ablagerung des Pigments findet in den fixen Bindegewebszellen der Chorioides statt, indem zuerst im Inneren der Zellen feine, kaum sichtbare Pigmentkörnchen auftreten, die sich nach der Peripherie der Zelle hin allmählich vergrößern. Nach der Geburt ist der Pigmentierungsprozeß noch nicht abgeschlossen.

§ 22. Die Augenlider. Die Lider entwickeln sich vom Rande der zuerst frei und glatt zutage liegenden Hornhaut aus als Auswüchse der Schädelhaut und der Gesichtsfortsätze. Der Canthus oculi medialis entsteht vom seitlichen Stirnfortsatze, das untere Lid vom Oberkieferfortsatze, das obere Lid von der Haut, die zwischen diesen Fortsätzen gelegen ist. Nachdem die Teile in sagittaler Richtung einander entgegenwachsen und für gewöhnlich verschmolzen sind, bleiben in der ringförmigen Anlage der Lider die auf einem horizontalen Durchmesser gelegenen Endpunkte, die dem medialen und lateralen Augenwinkel entsprechen, im Wachstum zurück. Durch stärkere Ausbildung der mittleren Partien wird die kreisförmige Lücke der Anlage nicht konzentrisch eingeengt, sondern zur Lidspalte umgewandelt. Dabei liefert die dem Auge zugewandte Fläche die Konjunktiva, die nach außen im weiteren Wachstume verlagerte Fläche die Haut der Lider. Konjunktiva und Lidhaut sind somit erst im Laufe der Entwicklung differenzierte Teile der äußeren Haut. F. Ask (199) hat in seinen ausgedehnten Untersuchungen gefunden, daß die Lider des Menschen schon bei 17 mm langen Embryonen deutlich sind, wie dies auch aus der alten His'schen Fig. 46c hervorgeht. Die Lider sind anfangs gleich; bei Embryonen von etwa 20 mm an (siehe Fig. 46) bleibt das untere Lid dauernd im Wachstum zurück.

Fig. 46.

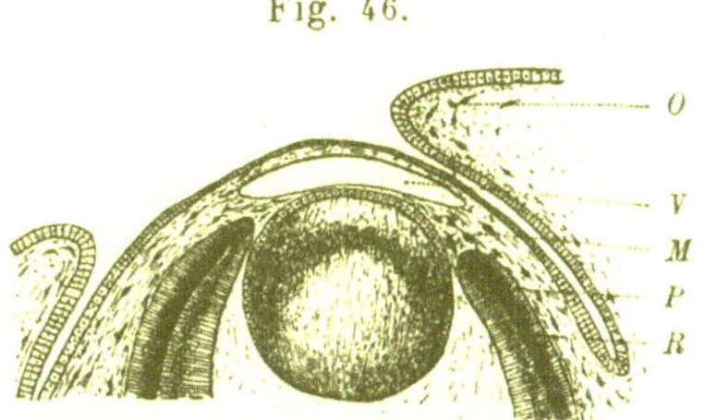

Vertikalschnitt der vorderen Augenhälfte eines menschlichen Embryos von 21 mm Scheitelsteißlänge (8–9 Wochen). Kölliker's Fig. 9 »Zur Entwicklung des Auges usw. 1893« nach Kollmann's Modifikation.

O oberes Lid, *V* vordere Augenkammer, *M* Mesoderm, *P* äußeres, *R* inneres Blatt der sekundären Augenblase.

Nach von Ammon (27) beginnt die Lidbildung beim Menschen im zweiten Monate. Die obenstehende Abbildung (Fig. 46), nach einem Kölliker'schen (76) Präparat vom menschlichen, acht bis neun Wochen alten und 21 mm langen Embryo, erläutert, wie um diese Zeit das obere Lid *o* das untere Lid im Vordringen nach dem vorderen Augenpol überholt hat. Der Konjunktivalsack tritt als tiefer Spalt zwischen dem Auge und den Hautfalten, rechts mit *o* bezeichnet, links ohne Buchstabenbezeichnung, auf. An 40 mm langen menschlichen Embryonen zeigt sich, noch ehe die Lider verklebt sind, die Anlage der Nickhaut und bei Embryonen von 130 mm nach oben in der Nähe des freien Randes ein Epithelzapfen, der zuerst weiter wächst und beim reifen Embryo ein Lumen enthält. F. Ask hat diesen Zapfen als die Anlage einer rudimentären Harder'schen Drüse gedeutet, auf deren gelegentlichen Fund beim Erwachsenen Giacomini aufmerksam gemacht hat.

Die Caruncula lacrymalis entsteht nach den Untersuchungen F. Ask's bei 170 mm langen menschlichen Embryonen als eine wallartige Erhebung, nasalwärts auf der Innenfläche des unteren Lides. Sie rückt allmählich in die Nähe der Nickhaut ein und erhält alsdann Talgdrüsen mit oder ohne Härchen, gelegentlich auch einige Krause'sche Drüsen.

Beim Menschen ist im dritten Monate die Kornea von den Lidern völlig bedeckt. Durch Verklebung der in der Lidspalte aufeinanderstoßenden Epidermiszellen kommt es an 33 mm langen Embryonen, von den Seiten her beginnend, zur Vereinigung der freien Lidränder, die beim Menschen erst kurz vor der Geburt wieder frei werden. Bei Schlangen führt die anfängliche Verklebung zu dauernder Verschmelzung; bei den blindgeborenen Jungen von Säugetieren lösen sich die Lider erst nach einiger Zeit, wenn die Retina ihre völlige Ausbildung erfahren hat. Die Verklebung wird durch den Verhornungsprozeß, der von außen her in die Lidspalte vordringt, wieder aufgehoben.

Fig. 47.

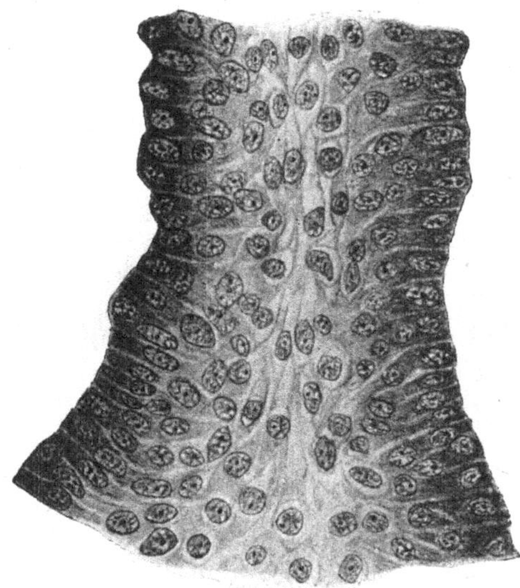

Schnitt durch die verklebte Lidspalte eines drei Tage alten Kätzchens. Nach unten im Bild die Gegend der Konjunktiva. In der Gegend der epithelialen Vereinigung der Lidränder liegen blasenförmige Zellen. (Vergr. Zeiss F, Ok. 2.)

Bei zwei Tage alten Mäusen geht das Stratum corneum der Epidermis glatt über den Lidspalt weg. An osmierten Präparaten liegen die mit den geschwärzten Ranvier'schen Körnchen gefüllten Zellen an der Grenze von Stratum mucosum und corneum horizontal über dem Lidspalt; bei zehn Tage alten Mäusen ist dieser Prozeß schon trichterförmig in den Lidspalt vorgedrungen, während vorher im Lidspalt keine einzige Zelle des Stratum mucosum eine derartige Umbildung zeigte. Die Lösung der Lider beruht somit nicht auf dem Untergange von Lidspaltenepithel. In der geschlossenen Lidspalte hatte anfangs die Vermehrung der Epithelzellen, die auf der Haut zur Schichtenbildung und zur Erzeugung des Stratum corneum führte, aufgehört. In der Lidspalte findet man vor der Lösung im ganzen nur vier Zellagen, je eine Lage von vermehrungsfähigen Zellen der Keimschicht und je eine Lage des Stratum mucosum auf jeder Seite. Auf der Haut der Lider ist die Epidermis schon mächtig verdickt, bevor die Lidspalte sich öffnet. Erst wenn die Lösung der Lider erfolgen soll, dringt der Prozeß der Körnchenablagerung, der auf der Haut die Bildung des Stratum corneum einleitet, auch in die Lidspalte ein.

Nach den neuesten Untersuchungen über diesen Punkt von Fr. Klee am Auge neugeborener Katzen sind drei Tage nach der Geburt in der Gegend, wo später die Epithelien der Lider den Lidspalt erzeugen werden, blasenförmige Zellen vorhanden. Epidermisschüppchen findet man zwischen den Lidern um diese Zeit nicht, wie die Fig. 47 erläutert.

Bei dem acht Tage alten Kätzchen ist schon der größte Teil der Hautseite der Lider getrennt; wo die Lösung noch nicht erfolgt ist, wie in Fig. 48, sieht man die einzelnen Stadien des Verhornungsprozesses, die Körnchenzellen (*k*) und die verhornten Schuppen der Epidermis. Von den Lidern, die an der zur Abbildung gewählten Stelle noch zusammenhängen, ist nur die eine Seite der Epidermis mit ihren verschiedenen Lagen gezeichnet worden.

Fig. 48.

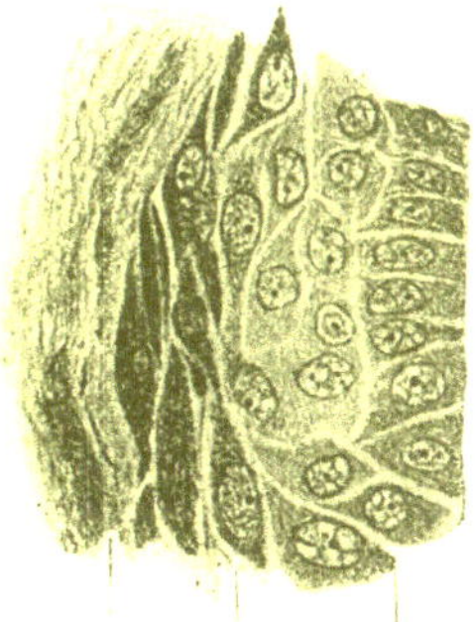

h *k* *b*

Das Epithel einer Seite der in Lösung begriffenen Lidränder einer acht Tage alten Katze. (Auf der anderen Seite das symmetrische Bild zu ergänzen.)
b Basalschicht des Epithels, *k* Körnchenzellen, *h* verhorntes Epithel in der Mitte, wo die Lösung der Lidränder erfolgen soll. (Vergr. Zeiss F, Ok. 2.)

Broman und Ask (208) haben übrigens bei Embryonen einiger Säuger wie Lobodon, Leptonychotes und Phoca hispida auch anderweitige Verklebungen des Epithels im Konjunktivalsack beschrieben, die sich aber früher als die verklebten Lidränder wieder lösen.

§ 23. **Zilien und Meibom'sche Drüsen.** Nach der Vereinigung der Lider durch die epitheliale Verklebung ihrer freien Ränder beginnen die Zilien und die Meibom'schen Drüsen sich zu entwickeln.

Abgesehen von älteren, in bezug auf die Datierung nicht ganz übereinstimmenden Angaben liegt über die Entwicklung dieser Teile beim Menschen eine neuere Arbeit von L. Königstein (80) vor (vgl. auch Ask).

Zilien und Meibom'sche Drüsen entstehen nach ihm durch solide Einstülpungen des Epithels in die unterliegende Zellmasse der Lider.

Die erste Anlage der Zilien erscheint an Embryonen von 8 cm Länge, die der Meibom'schen Drüsen später, und zwar zuerst an Embryonen von 9 cm Länge.

Am menschlichen Embryo von 40 mm Sch.-St.-Länge erscheinen mit den ersten Anlagen der Haare in der Augenbrauengegend auch die Anlagen der Zilien des oberen Lides; erst später die der Meibom'schen Drüsen im oberen Lid und danach die gleichen Teile des unteren Lides nach den Feststellungen von Fr. Klee.

Am Ende des vierten Monats sind die Augenbrauen schon völlig entwickelt, die Zilien zeigen noch keinen Haarschaft und die Anlage der Meibom'schen Drüsen ist noch nicht weiter entwickelt.

Bei Embryonen von 100 g Gewicht sind die Zilien mit ihren Talgdrüsen und den modifizierten Schweißdrüsen deutlich; die Meibom'schen Drüsen stellen noch erst kurze, solide Epithelknospen dar; dieser Entwicklungsgrad macht bis zur Mitte des fünften Monats kaum merkliche Fortschritte.

268 g schwere Embryonen weisen Sprossenbildung an den Meibom'schen Drüsen auf, die Zilien sind vollständig entwickelt, Talg- und Schweißdrüsen noch nicht ganz ausgebildet.

Zu Beginn des sechsten Monats zeigen die Embryonen ein Gewicht von 340 g. Die Lösung der verwachsenen Lidspalte beginnt sich vorzubereiten; sie ist zu Anfang des siebenten Monats vollendet. Mit ihr sind dann alle Lidorgane völlig ausgebildet; auch die Meibom-schen Drüsen sind aus soliden, mit Buckeln besetzten Zellzapfen in ihre definitive Drüsenform übergegangen.

Fig. 49.

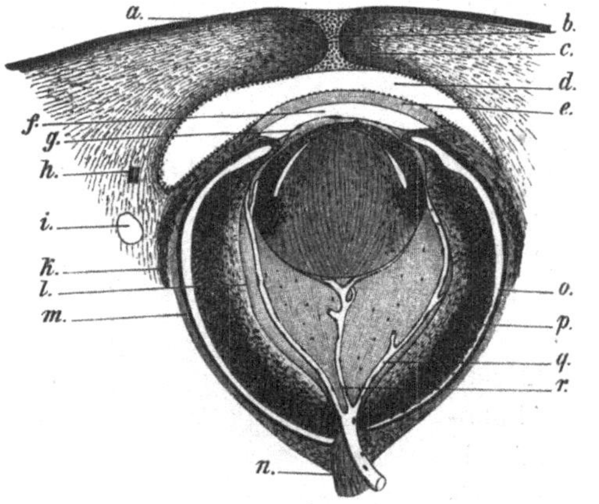

a. b. c. d. e. f. g. h. i. k. l. m. n. o. p. q. r.

Schnitt durch das Auge eines beinahe ausgetragenen Mäusefötus. *a.* Anlage einer Zilie des oberen Augenlides, *b.* Epithelzellenbrücke in der Lidspalte, *c.* Anlage einer Meibom'schen Drüse im unteren Lide, *d.* Konjunktivalsack, *e.* Kornea, *f.* vordere Augenkammer, *g.* Membrana pupillaris mit den als kleine schwarze Spindeln eingetragenen Gefäßquerschnitten, *h.* Nervenzweig, *i.* Gefäßdurchschnitt, *k.* Musc. rectus superior, *l.* Membrana hyaloidea, *m.* Anlage der Sklera und Chorioidea, *n.* Nervus opticus, *o.* Pigmentschicht der Retina (äußeres Blatt der sekundären Augenblase), *p.* die übrigen noch zum Teil unfertigen Schichten der Retina (inneres Blatt der sekundären Augenblase), *q.* Verzweigungen der Arteria hyaloidea im Glaskörper, *r.* die aus der Art. hyaloidea median entsprungene Art. capsularis lentis. In der Retina sind noch keine Gefäße entwickelt. Die Linse ist noch rund und besitzt noch einen feinen bogenförmigen Spalt nahe dem vorderen Pole unter der unverändert bleibenden Epithelschicht.

Nach eigenen Untersuchungen kann ich die Vorgänge von der weißen Maus schildern. Kurz vor der Geburt, wenn schon ein Teil der Haare ansehnliche Sprossen der Epidermis darstellt, entstehen die ersten Anlagen der Meibom'schen Drüsen und der Zilien am späteren freien Lidrande (vgl. Fig. 49): die Zilien außen, die Meibom'schen Drüsen nach innen zu als niedrige Epithelwucherungen in das angrenzende Bindegewebe. In der weiteren Entwicklung gehen die Zilien dann den Meibom'schen Drüsen vorauf. Bei zweitägigen Jungen stellen die Meibom'schen Drüsen erst kurze, solide Stummel dar, während die Zilien, zwar immer noch nicht so weit entwickelt wie manche andere Haare, weit in das unterliegende Gewebe hineingewuchert und mit einer Papille versehen sind. Die Zilien entstehen wie beim Menschen als Wucherungen der Keimschicht der Epidermis, die sich zapfenförmig nach der Tiefe der Kutis zu in schräger Richtung fortsetzen und erst tief unten eine Papille erhalten.

In den Lehr- und Handbüchern der Entwicklungsgeschichte findet man gelegentlich die Notiz, daß bei manchen Säugetieren die Papille der Haare zuerst entstehe. Diese Angaben treffen indessen nicht zu. Bei Untersuchung der Augenlider des Schafes, von denen dies behauptet wird, fand ich, wie bei anderen Tieren und beim Menschen als erste Anlage der Zilien und der Haare überhaupt eine Verdickung des Epithels. Das unter dieser Anlage gelegene Bindegewebe wuchert beim Schaf freilich früher als beim Menschen und der Maus. Aber die Epithelzellen treiben die bindegewebige Verdickung wie eine Kalotte vor sich her in die Tiefe; erst später erhebt sich das Bindegewebe zu einer Papille in die epitheliale Anlage. Die Entstehung der Haare ist somit bei allen Säugetieren die gleiche, indem sie überall mit Wucherungen des Epithels anhebt.

Bei zehn Tage alten Mäusen sind die Zilien fertig. Das Haar hat die verhornten Lagen der Epidermis durchbrochen.

Die Mündungsstellen der Meibom'schen Drüsen sind, wie schon oben erwähnt, die Stellen, von denen aus diese Drüsen sich entwickeln.

Bei zweitägigen Jungen ist der solide Sproß in das Lid hinein vorgedrungen; bei zehn Tage alten ist die Anlage mit kurzen, beerenförmigen Knospen besetzt und nicht allein hohl geworden, sondern hat sich auch, wie dies für die Entwicklung dieser Drüsen Schweigger-Seidel (37) zuerst beschrieben hat, durch die Epithelien des Stratum mucosum der noch verklebten Lidspalte einen Weg in den Konjunktivalsack hinein gebahnt. Mit der Öffnung der Lider fällt dieser äußere Teil der Mündung nicht mehr auf, weil dann das Epithel flacher der Konjunktiva anliegt.

§ 24. Die Tränendrüse. Die Tränendrüse entsteht nach Kölliker beim Menschen während des dritten Embryonalmonats als solide Wucherung des Konjunktivalepithels in der Höhe des oberen Augenlides.

Diese Angaben in der zweiten Auflage (S. 55) haben wegen ihrer Kürze eine Reihe von Untersuchungen angeregt, so daß wir heute weit besser über den Gegenstand unterrichtet sind. Falchi (182), Speciale-Cirincione (206) und Fritz Ask (214) haben der Reihe nach bei Säugetieren und namentlich beim Menschen die Entwicklung der Tränendrüse studiert, Ask auch die der Krause'schen und der Wolfring'schen Drüsen der Konjunktiva; auch Falchi macht Angaben über die erste Anlage der Krause-schen Drüsen. Die Tränendrüse wird vor den übrigen Drüsen angelegt. Sie erscheint nach Ask beim Menschen im Embryo von 33 mm Sch.-St.-

Länge in Form von fünf Epithelzapfen der Konjunktiva auf der temporalen Seite der Lidspalte.

Zu den fünf Anlagen beim 33 mm langen menschlichen Embryo kommt beim 40 mm langen noch eine untere sechste hinzu, wie das die nach Ask's Fig. 1 auf die Hälfte verkleinerte Abbildung 50 erläutern mag. Der obere Schlauch ist der längste, der nächste aber schon verästelt.

Fig. 50.

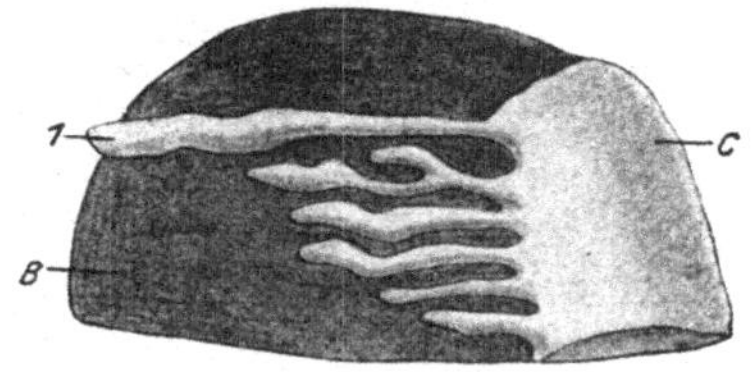

C der Konjunktivalsack, *1* die obere Anlage der Tränendrüse, der noch fünf andere abwärts folgen, *B* der Bulbus. Nach Fritz Ask.)

Fig. 52.

Tränendrüse vom 14 Tage alten Hühnerembryo als ganze Anlage makroskopisch freipräpariert. Vergr. 15 mal. (Vom Ausführungsgang ist der Mündungsteil nicht dargestellt.)

Fig. 51.

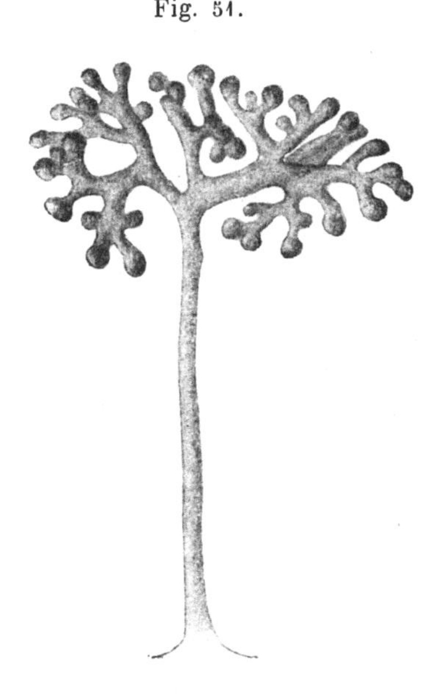

Tränendrüse vom zehn Tage alten Hühnerembryo als ganze Anlage makroskopisch freipräpariert. Vergr. 15 mal. (Der Ausführungsgang ist in seiner ganzen Länge abgebildet.)

Schon bei 38 mm langen Embryonen beginnen die zuerst angelegten fünf oder sechs Anlagen sich zu verzweigen. Die anfangs soliden Knospen werden durch Resorption von Zellen hohl.

Die Zahl der Anlagen ist im 55 mm langen Embryo auf sieben gestiegen; sie verästeln sich am orbitalen Ende und werden hohl, indem ein Teil der zentral gelegenen, kernlos gewordenen Zellen zerfällt. Beim Embryo von 130 mm Sch.-St.-Länge sind acht Ausführungsgänge vorhanden und die ganze Anlage durch Einwuchern einer Faszie in die Lid- und die Orbitalportion getrennt.

Die Krause'schen und auch die Wolfring'schen Drüsen entstehen weit später als die eigentliche Tränendrüse; Falchi fand Krause'sche Drüsen erst bei 31 cm langen menschlichen Embryonen. Nach Ask beginnt die Entwicklung der Krause'schen Drüsen bei Embryonen von 170 mm im Gebiete der Übergangsfalten der Konjunktiva, die der Wolfring'schen Drüsen bei Embryonen von 330 mm. Auch diese Drüsen werden solid angelegt, verästeln sich am Wachstumspol und werden erst später hohl.

Nach den Untersuchungen Fr. Klee's, die unter meiner Leitung ausgeführt wurden, sind beim menschlichen Embryo von 40 mm Scheitelsteißlänge elf Ausführungsgänge der Tränendrüse als Anlagen vom Konjunktivalsack aus zu verfolgen. Sie entstehen lateral im Konjunktivalsack in einer Ausdehnung von 0,7 mm nach der Mitte der Lider, die meisten in der Höhe des oberen Lides; die jüngsten Anlagen liegen oben medial. Von hier aus gerechnet sind Anlage 4 bis 9 die längsten; Anlage 4 und 5 entspringen am weitesten medial und oben; Anlage 7 und 8 sind schon verästigt, Anlage 9, 10 und 11 münden am weitesten lateral und unten in den Konjunktivalsack ein. Verschiedenheiten des Entwicklungsganges kommen somit sicher vor, da die Angaben der einzelnen Autoren nicht übereinstimmen; vielleicht ist auch die Methode der Altersbestimmung nach der Körperlänge nicht genau genug. Es wäre merkwürdig, wenn bei Embryonen und jungen Früchten die großen Unterschiede fehlten, die wir nicht allein bei Erwachsenen, sondern auch bei Neugeborenen kennen.

Da die Tränendrüse nicht bei allen Tieren wie beim Menschen und den bekannten Säugetieren mehrere Ausführungsgänge besitzt, so möge hier nach wirklichen Präparaten und nicht Rekonstruktionsmodellen die Beschreibung einiger Stadien der Tränendrüsenentwicklung des Huhnes Platz finden. Diese Tränendrüse hat nur einen Ausführungsgang.

Die Beschreibung scheint mir besonders dadurch gerechtfertigt zu sein, daß es nur einer einfachen Präparation und keiner Rekonstruktion bedarf, um überzeugende Präparate zu gewinnen. Die Figuren geben daher die ganzen, auf einen Objektträger, ohne jede weitere Zerlegung montierten Stadien der Entwicklung wieder.

In Fig. 51 ist die Tränendrüse eines 10 Tage alten Hühnerembryos abgebildet. Nur das Mündungsstück des langen Ausführungsganges beginnt sich auszuhöhlen; alle übrigen Teile sind noch solid. Der Gang teilt sich in zwei Hauptäste, die noch senkrecht zu ihnen gestellte Nebenäste entwickeln; die Nebenäste geben dann Endäste ab, an denen wie an den Hauptästen die Endknospen hängen, die späterhin das sezernierende Parenchym liefern.

Die Fig. 52 zeigt eine Tränendrüse vom 14. Tage. Das Organ ist gewachsen; im wesentlichen haben sich nur die funktionellen Schläuche ausgebildet. Alle Teile sind hohl geworden. Man erkennt wohl noch die ursprüngliche Anorduung der Ausführungsgänge, aber ihre Lage hat sich durch die Entfaltung des sezernierenden Parenchyms verändert. Das Organ ist breiter geworden. Da die Endtubuli nicht allein nach den Seiten, sondern auch gegen die Mitte zu gewachsen sind, so ist die Schirm- oder Pilzform der Drüse abgeflachter geworden. Besonders bemerkenswert ist die Neubildung echter Drüsenschläuche aus dem alten Ausführungsgang an der Basis des Schirmes, wie das in der folgenden Fig. 53 vom 20tägigen Hühnerembryo noch deutlicher wird. Die ganze Drüse ist in ihrem sezernierenden Teil in die Breite gegangen. Entwicklungsgeschichtlich bedeut-

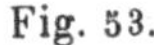

Fig. 53.

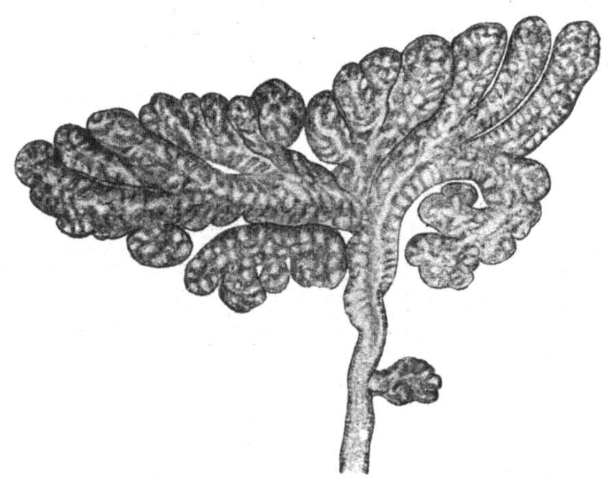

Tränendrüse vom 20 Tage alten Hühnerembryo als ganze Anlage makroskopisch freipräpariert. Vergr. 15 mal. (Mündungsteil des Ausführungsganges fehlt.)

sam ist die späte Anlage von Drüsenparenchym am proximalen Teile des Hauptausführungsganges; da man gewohnt ist, die Endteile ausschließlich für die proliferierenden Stätten in wachsenden Drüsen zu halten.

§ 25. Der Tränennasengang und die Tränenröhrchen. Die Entwicklung des Tränennasenganges ist von den Autoren höchst verschiedenartig dargestellt worden. K. E. von Baer (1) läßt ihn als eine gegen das Auge gerichtete Ausstülpung der Rachenhöhle entstehen, Erdl (14) und Coste (8) durch den Schluß der Tränenfurche zwischen Oberkieferfortsatz und äußerem Nasenfortsatz. Born (56) wies sodann mit seinem Schüler Legal (79) für die Amphibien, Reptilien, Vögel und Säugetiere nach, daß der Tränennasengang bei diesen Wirbeltierklassen in der Tränenfurche als eine von der Epidermis in die Kutis einwachsende Epithelleiste angelegt werde. Diese Epithelleiste bekommt nach ihrer Abschnürung von der

Epidermis ein Lumen. Die Einzelheiten des Entwicklungsganges sind jedoch bei den Tieren verschieden. Bei Amphibien entsteht der ableitende Apparat aus einer gleichmäßig in der ganzen Länge vom Auge bis zur Nase auftretenden Anlage. Bei Lacerta wachsen aus der primären, augenwärts gelegenen Anlage sekundär kranial sowohl die beiden Tränenröhrchen, als oral das Nasenende des Ganges hervor. Beim Huhn wird Gang und unteres Tränenröhrchen in einem Zuge angelegt, das obere Tränenröhrchen entsteht als Sprossung der primären Anlage. Nach meinen Erfahrungen am Kaninchen ist ebenfalls der mittlere Teil zuerst angelegt, wie LEGAL dies auch vom Schwein beschrieben hat. Auch bei der Fledermaus endet an jungen, 6 bis 7 mm langen Embryonen das nasale Ende blind. Dagegen war beim Kaninchen von 1 cm Länge in der Gegend des Auges das Epithel in der Tiefe der Tränenfurche wohl schon verlängert, aber erst weiter nasalwärts die Anlage der beim erwachsenen Kaninchen vor dem Eingange zum knöchernen Tränennasengang gelegenen großen Ampulle als eine tiefe und am inneren Ende sackartig aufgetriebene Ausbuchtung zu erkennen. Das Kaninchen hat nur am unteren Lide ein breites Tränenröhrchen. Die Anlage dazu war an dem untersuchten Embryo vorhanden, im Vergleich zu den nasalwärts gelegenen Teilen des ganzen Apparates aber noch nicht weit gediehen und nicht in den Konjunktivalsack durchgebrochen. Ebensowenig erreichte der noch nicht von der Oberfläche abgeschnürte Zellstrang des Tränennasenganges die Nasenhöhle (vgl. Fig. 54).

Fig. 54.

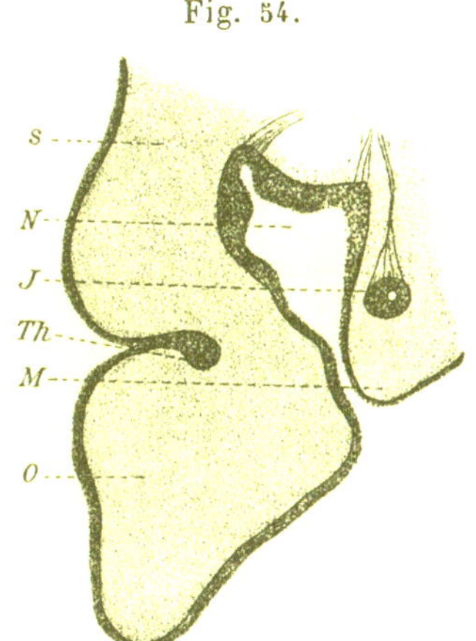

Schnitt durch die Nasengegend eines 1 cm langen Kaninchenembryos. *s* seitlicher Nasenfortsatz, *N* Nasenhöhle, *J* JACOBSON'sches Organ, an dessen Epithel wie an das der eigentlichen Riechzone Nervenfasern von oben her herantreten, *M* mittlerer Nasenfortsatz, *Th* Tränenfurche mit kolbigem Querschnitt der Anlage des Tränennasenganges, *O* Oberkieferfortsatz.

Es werden somit bei den Säugern die einzelnen Strecken des tränenableitenden Apparates zu verschiedenen Zeiten angelegt. Das nasale Ende wird nach den bis jetzt vorliegenden Beobachtungen stets durch Auswachsen eines mehr augenwärts gelegenen Abschnittes der Anlage die Nasenwand zu durchbrechen haben.

An einem 2,1 cm langen Schafembryo fand ich den Tränennasengang und die beiden Tränenröhrchen noch solide, jedoch von der Oberfläche so weit abgerückt, daß jede Spur einer einstmaligen Verbindung mit den Zellen der Epidermis verschwunden war.

Beim 13 mm langen Fledermausembryo war der Gang hohl und mündete hinter der unteren Muschel in die Nase ein.

Zur Erläuterung der äußerlich erkennbaren Veränderungen im Bereiche des Tränennasenganges beim Menschen mögen die beigefügten Verkleinerungen His'scher Abbildungen menschlicher Embryonen dienen. Fig. 55*a* ist eine Frontansicht eines 8 mm, *b* die eines 13,7 mm langen menschlichen Embryos. Das Auge dieser Embryonen ist noch nackt; die Lidbildung beginnt erst später, wie *c* von einem 17 mm langen menschlichen Embryo illustriert.

Medial vom Auge treffen durch Spalten getrennt der seitliche Nasenfortsatz *s* und der Oberkieferfortsatz *o* aufeinander. Die zwischen beiden gelegene, quergestellte Furche ist die Tränenfurche; diese Tränenfurche setzt sich in Mund und Nasenhöhle bei dem Embryo von 8 mm hinein

Fig. 55.

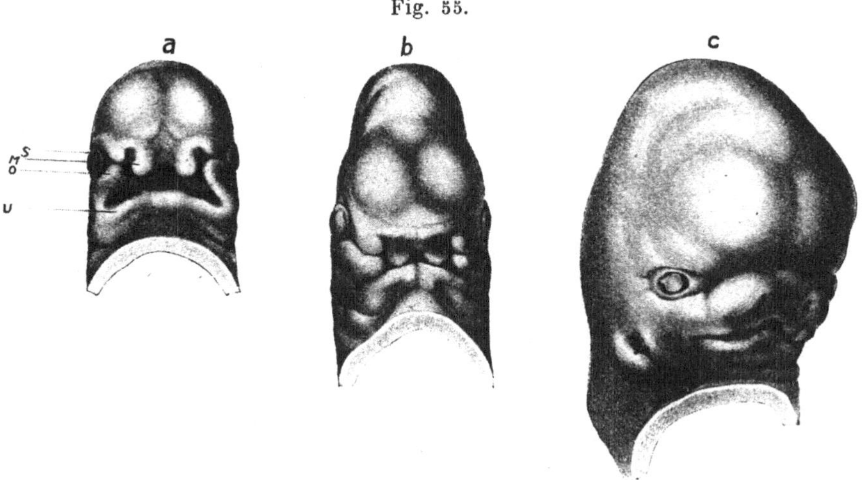

a, *b*, *c*, Köpfe menschlicher Embryonen von 8, 13,7 und 17 mm.
S seitlicher Nasenfortsatz, *M* mittlerer Nasenfortsatz, *O* Oberkieferfortsatz, *U* Unterkiefer.
(Nach His, A. m. Embr.)

fort. Die Nasengrube liegt zwischen dem seitlichen *s* und dem mittleren *m* Nasenfortsatz; der Zugang zur Mundhöhle wird abwärts durch den Unterkiefer *u* begrenzt.

Wie ein Vergleich der Abbildungen 55*a*, *b* und *c* leicht ergibt, wird die Richtung der Tränenfurche bei der Weiterentwicklung allmählich schräg gestellt, indem ihr mediales Ende lateral und abwärts rückt. Dabei beginnen ihre Ränder, wenn die Abbildung *b* nicht durch Zufälligkeiten entstellt ist, zuerst in der Mitte der Verlaufsrichtung miteinander zu verwachsen.

In *c* ist dann die Tränenfurche völlig verstrichen und dabei noch schräger als in *b*, fast senkrecht gestellt.

Die drei Embryonen gehören dem zweiten Monat an.

Die Vorgänge, die sich abseits der Oberfläche bei der Bildung des Tränennasenganges abspielen, können selbstverständlich nur an Serienschnitten von Embryonen dieser Periode gewonnen werden. Es liegen vereinzelte Beobachtungen schon vor, die aber mit Bezug auf eine kontinuierliche Reihe zu ergänzen sein werden.

Eine Frontalrekonstruktion nach einer Schnittserie durch einen 13,8 mm langen menschlichen Embryo gebe ich nach der His'schen Originalfigur in Fig. 56 wieder. Es ist ersichtlich, daß der Tränennasengang *d* die Nasenhöhle noch nicht erreicht hat.

Beim Menschen beginnt nach den Angaben Ewetzky's die Entwicklung des Tränennasenganges mit der fünften Woche, an Embryonen von etwa 12 mm Länge. Der Typus der Epithelleiste, die vom Grunde der Tränenfurche sich in die Tiefe senkt, ist wohl von dem bei den Tieren gefundenen verschieden, die Art der Entwicklung aber durchaus dieselbe. Nach Ewetzky ist der Fortsatz beim Menschen dünn, relativ sehr lang, ohne die den Tieren eigentümliche kolbige Endanschwellung. Br. Fleischer (186) beschreibt bei einem 9,5 mm langen menschlichen Embryo den Tränenkanal als einen kurzen, breiten, dreieckigen Epithelzapfen auf dem Grunde der Tränenfurche. Die Linse hat um diese Zeit noch ein großes kugeliges Lumen. Unter den Autoren, welche die Entwicklung der Tränenröhrchen beim Menschen studiert haben, seien Stanculeanu (150), Br. Fleischer (186), Fr. Ask (195) und Paul Lang (217) genannt. Beim Menschen sprossen die Tränenröhrchen aus dem orbitalen, blinden Ende des Tränennasenganges und wenden sich den Lidern zu; das obere bleibt im Wachstum gegen das untere zurück. An der Bildung der Tränenröhrchen haben die Lidränder keinen Anteil, da die späteren Röhrchen als solide Zapfen sie erst nach und nach erreichen. Der abgeschnürte Tränennasengang des Menschen und die Tränenröhrchen erhalten, wie bei den Tieren, erst sekundär ein Lumen, indem die zentralen Zellen allmählig zugrunde gehen. Der Beginn der Aushöhlung erfolgt nach Ewetzky an etwa 40 mm langen Embryonen.

Fig. 56.

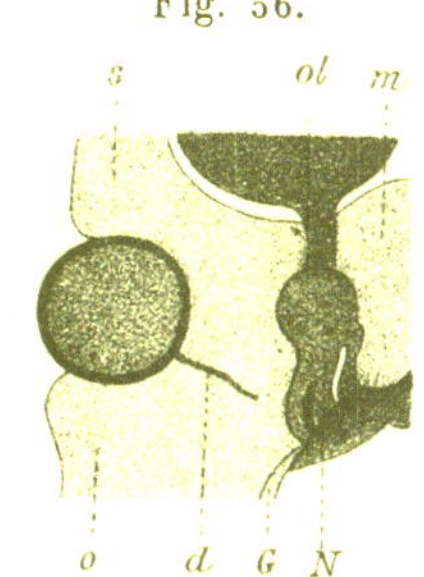

Auge und Nase eines 13,8 mm langen menschlichen Embryos. *s* seitlicher, *m* mittlerer Nasenfortsatz, *o* Oberkieferfortsatz, *d* Thränennasengang, *ol* N. olfactorius, *N* Nasenhöhle, der Ort der vorderen Nasenöffnung ist hell ausgespart, der der hinteren Nasenöffnung dunkel schraffiert, *G* Gaumenleiste. (Nach His, A. menschlicher Embryonen.)

Kölliker (28) hatte schon vorher angegeben, daß der Tränengang im dritten Monat hohl und mit zweischichtigem Epithel ausgekleidet sei. Die Tränenkanälchen sind um diese Zeit etwas weiter als der Gang; ein Tränensack, der Kuppelblindsack des Tränennasenganges, ist dagegen noch nicht vorhanden und kann erst im fünften Monat nachgewiesen werden.

Paul Lang hat auf die verschiedenen Zeitangaben der Autoren, die diesen Punkt betreffen, hingewiesen. Das Lumen der Anlagen tritt bei verschiedenen Individuen zu verschiedenen Zeiten auf. Spuren des Beginnes hat P. Lang schon bei einem Embryo von 18 mm Scheitelsteißlänge gefunden. Aufmerksam sei auch darauf gemacht, daß sowohl am Tränennasengang als an den Tränenröhrchen auch andere Variationen der Entwicklung vorkommen. P. Lang beschreibt das Fehlen des oberen Tränenröhrchens auf einer Seite beim 18 mm langen Embryo. Die vielfachen Mißbildungen und Variationen des tränenableitenden Apparates, wie sie in der nachembryonalen Periode gefunden wurden, finden hierdurch eine entwicklungsgeschichtliche Begründung.

Am nasalen Ende des Ganges erscheinen schon in der 14. Woche unregelmäßige Aussackungen, die sich bis gegen den fünften Monat hin zu 1,12 mm langen, blinden Anhängen weiterentwickeln.

Es kommt gelegentlich vor, daß auch nach der Geburt der völlige Durchbruch des Tränennasenganges in die Nasenhöhle nicht erfolgt ist, worauf A. Peters (107) aufmerksam gemacht hat.

§ 26. Die Nerven der Augenhöhle und das Ganglion ciliare. Von den Nerven der Augenhöhle kommen außer dem N. opticus, der in § 9 besonders behandelt wurde, noch der N. trigeminus, oculomotorius, trochlearis und abducens in Frage.

Das Bell'sche Gesetz erkennt in den vorderen Wurzeln des Rückenmarks motorische, in den hinteren Wurzeln sensible Nerven. Wer demgemäß der Metamerie des Schädels mit den Hilfsmitteln der Morphologie, sei es vergleichend anatomisch oder embryologisch, d. h. auf dem Wege der Vergleichung fertiger oder entstehender Formen nachspüren will, wird an den Kopfnerven ventrale und dorsale Wurzeln, die sich zu einzelnen Nervenstämmen vereinigen, nachzuweisen haben.

Die Autoren haben dieses Problem in verschiedener Weise gedeutet. Als Froriep am N. hypoglossus entdeckt hatte, daß embryonal angelegte Spinalganglien samt ihren sensiblen Nervenwurzeln wieder schwinden können, legte man Wert darauf, an den Nerven der Augenmuskeln vergängliche Ganglien nachzuweisen. Das wird von Froriep und Julia B. Platt auch für den N. trochlearis behauptet. Der N. trochlearis wäre demgemäß ein einem selbständigen Spinalnerv homologer Hirnnerv, dem nur im Laufe der Entwicklung die sensible Wurzel samt dem zugehörigen Ganglion wieder verloren gegangen wäre. Dadurch erhielte der N. trochlearis die Bedeutung eines für ein ganzes Körpermetamer bestimmten Nerven. Ebenso erklärt Schwalbe (64) den N. oculomotorius mit dem Ganglion ciliare für das Homologon eines Rückenmarksnerven mit motorischer und sensibler Wurzel samt Spinalganglion.

Demnach würden der N. oculomotorius und der N. trochlearis vom N. trigeminus unabhängige Nerven sein, während die Anschauungen Gegenbaur's und auch die Darstellung van Wijhe's die Augenmuskelnerven in den N. trigeminus und acustico-facialis zu einer höheren Einheit einbeziehen. Freilich in etwas verschiedener Weise, indem van Wijhe das Bell'sche Gesetz dahin erweitert, daß in den hinteren Rückenmarkswurzeln auch motorische Nerven für die aus den Seitenplatten stammende Muskulatur verlaufen, während die ventralen Wurzelfasern nur die aus den Somiten stammenden Muskeln innervieren. Jeder Nervenstamm eines Metamers würde somit einen dorsalen sensiblen, einen dorsalen motorischen und einen ventralen motorischen Teil in sich vereinigen, deren Ursprünge im Zentralorgan getrennt sind.

Nach dieser Anschauung gehörten der N. oculomotorius und trochlearis als echte ventrale Wurzeln zu einzelnen Ästen des N. trigeminus; sie wären keine selbständigen metameren Nerven, an denen die sensiblen Teile zugrunde gegangen. Der N. oculomotorius würde dem Ramus ophthalmicus profundus des N. trigeminus zuzuweisen sein und der N. trochlearis dem Rest des N. trigeminus.

Für den N. abducens hat A. Milnes Marshall (70) den Nachweis erbracht, daß er als ventrale Wurzel entstehe und mit dem N. acustico-facialis eine Einheit darstelle. Dies hat van Wijhe schon bestätigt; ich kann es nach Untersuchungen an Lachsembryonen nur erhärten.

Der Streit um die Natur des N. oculomotorius, ob er ein selbständiger oder zur Trigeminusgruppe gehöriger Nerv sei, hat als Angelpunkt die Frage, wie das Ganglion ciliare und im Zusammenhange damit das Gasser'sche Ganglion zu deuten sei.

Der Ursprung des Trigeminusganglions ist zuerst von Remak im Jahre 1847 beim 60 Stunden alten Hühnerembryo von der Neuralleiste abgeleitet und später (1888) von His genauer beschrieben worden. Danach nimmt das Ganglion trigemini, bevor die Kopfbeuge sich eingestellt hat, fast die halbe Länge des Kopfes ein. Seine vordere Begrenzung liegt vor der Augenblase, zieht dorsal von ihr weiter bis über den Beginn des Hinterhirnes hinaus.

An 17 Tagen alten Lachsembryonen konnte ich bis zur Ohrblase zwei durch einen kurzen Zwischenraum getrennte, seitliche Auswüchse des Hirnrohres wahrnehmen, zu einer Zeit, als am Rücken noch keine Anlagen von Spinalganglien existierten. Der erste dieser zerebralen Auswüchse stellt das Ganglion des Trigeminus, der zweite das Ganglion des Acustico-facialis dar. Das Trigeminusganglion reicht anfänglich sehr weit nach vorn und gibt zweifellos allen bleibenden und vergehenden Ganglien dieser Gruppe den Ursprung. Es müssen aber offenbar Verschiedenheiten bei den Wirbeltieren vorkommen, da bei Teleostiern das Ganglion ciliare, wie Schwalbe mit

Recht behauptet, keine Fasern in die Bahn des N. trigeminus abgibt, während dies bei den Säugern stets der Fall ist.

J. BEARD (90) untersuchte bei Selachiern die Entstehung des Ziliarganglions und stellte fest, daß es später auftrete als das Ganglion des N. ophthalmicus profundus, das von einigen Autoren für das Ganglion ciliare angesehen worden war. Er verfolgte die Vereinigung des Ganglion n. ophthalmici prof. mit dem GASSER'schen Ganglion, konnte aber keine Gewißheit sich verschaffen, wie das Ganglion n. oculomotorii oder Ganglion ciliare entstehe. Doch ist er geneigt, es mit C. K. HOFFMANN als einen Auswuchs aus dem Ganglion des N. ophthalmicus profundus aufzufassen.

Bei einem menschlichen Embryo von 7,5 mm hat HIS (67) das GASSER'sche Ganglion mit einem verjüngten Fortsatz sich bis gegen die Augenblase hin fortsetzen sehen und diesen Fortsatz als Ganglion ciliare gedeutet. Andere selbständig abgelöste Massen für die übrigen Trigeminusganglien waren noch nicht vorhanden. Es wird also fortgesetzter Untersuchungen an früheren und späteren Stadien bedürfen, um zu entscheiden, ob der von HIS gesehene vordere Fortsatz des Ganglion Gasseri dem mesozephalen Ganglion BEARD's entspricht oder nicht. Man müßte dann jedenfalls in früheren als den von HIS beobachteten Stadien eine Trennung beider Ganglien nachweisen können.

Mit Hilfe der GOLGI'schen Methode hatte G. RETZIUS (124) in den Jahren 1879 und 1880 die Natur der zerebralen Ganglien geprüft und das Ganglion ciliare an dem Baue seiner Ganglienzellen als ein sympathisches erkannt. Gegen den Widerspruch VAN GEHUCHTEN's hält RETZIUS seine alte Behauptung aufrecht und bildet im Anatomischen Anzeiger vom Jahre 1894 die Zellen des Ganglion ciliare nach neuen, mit der GOLGI'schen Methode gewonnenen Präparaten eines nicht ganz ausgetragenen Katzenfötus ab.

Das Ganglion ciliare besitzt wie das Ganglion oticum, spheno-palatinum und submaxillare, multipolare Nervenzellen vom sympathischen Typus, das Ganglion jugulare, cervicale vagi, petrosum n. glossopharyngei, geniculi n. facialis, Gasseri, wie alle zerebrospinalen Ganglien unipolare Nervenzellen, deren Fortsatz sich früher oder später T-förmig teilt.

Die Untersuchungen LENHOSSÉK's (218) kommen zu dem Ergebnis, daß das Ganglion ciliare, wie dies auch von SCHWALBE, ZAGLINSKI und HOLTZMANN beschrieben wird, nur eine einzige Wurzel hat, die aus dem N. oculomotorius stammt. LENHOSSÉK faßt demnach das Ganglion ciliare der Vögel als ein motorisches Schaltganglion des N. oculomotorius auf, dessen Zellen mit den Nervenzellen des N. sympathicus der Vögel keine Ähnlichkeit haben. Diese Darstellung verdient deshalb größere Beachtung, weil nach ihr die Innervation des M. dilatator pupillae sich anders verhalten müßte, als bei den Säugetieren; da dem Ganglion ciliare neben der sensibeln Wurzel auch die sonst für den M. dilatator pupillae bestimmte sympathische Wurzel fehlt.

Nach den Angaben Holtzmann's, daß die Natur der Zellen im Ganglion ciliare nach der Tierspezies variiere, könnte sich vielleicht die Verschiedenheit in den Angaben der einzelnen Autoren dahin erklären lassen, daß bei dem einen Tier entweder nur Zellen des einen Typus, bei anderen Tieren die des anderen Typus, oder endlich beide in verschiedenem Grade gemischt bei anderen Untersuchungsobjekten sich finden. Dann würde, wie Krause (74) namentlich behauptet, das Ganglion ciliare eine Doppelnatur haben und sowohl ein spinales als ein sympathisches Ganglion oder auch beide vereint darstellen können.

Für die Deutung des N. trochlearis führe ich das Folgende an.

Nach Froriep (1891) geht bei jungen Torpedoembryonen von 6 mm ein Arm des Trigeminusganglions bis zu der Stelle, wo später der M. trochlearis entsteht. Bei 9 mm langen Embryonen besteht dieser Teil des Ganglions nur noch aus wenigen Zellgruppen, um bis zur Weiterentwicklung des Embryos von 20 mm Länge wieder völlig zu verschwinden.

Somit findet beim Ganglion n. trigemini Trennung der ursprünglichen Anlage und zugleich Schwund des einen abgezweigten Teiles im Laufe der Entwicklung statt.

Ähnliche Verhältnisse habe ich bei Lachsembryonen gefunden. Im Anschlusse an die von Rabl vertretene Ansicht möchte ich mich dahin aussprechen, daß die Nerven der Augenhöhle zu zwei Gebieten gehören: die späterhin im N. oculomotorius und trochlearis verlaufenden Nerven zu der Trigeminusgruppe und der ventral entsprungene motorische N. abducens zu der Acustico-facialisgruppe. Die sensibeln Nerven der Augenhöhle stammen vom N. trigeminus. Dies gilt nicht allein für die bekannten Nervenstämme der Orbita und des Bulbus, sondern auch von den sensibeln Nerven der Augenmuskeln, wie sich das überaus leicht an den Augenmuskeln unserer Haussäugetiere nachweisen läßt. Äste des N. frontalis treten deutlich isoliert in den M. rectus superior, den M. rectus lateralis von der Außenfläche her in die Muskeln ein, während die motorischen Nerven wie beim Menschen von innen her zu diesen Muskeln gelangen. Aus dem N. frontalis trigemini mischen sich auch Fasern dem N. trochlearis bei: doch treten alle Fasern in den M. obliquus superior von der Außenfläche her ein, so daß eine gesonderte Verfolgung ihres Verlaufes an diesem Augenmuskel erschwert ist. Für die Metamerie der Anlagen läßt sich das Verhalten der motorischen und sensibeln Nerven nicht verwerten.

Beim Menschen werden in Henle's Handbuch der Nervenlehre (S. 358) als Varietäten Zweige des N. nasociliaris zu den Mm. rectus superior und medialis, sowie zum M. levator palpebrae superioris beschrieben; ob sie immer gesondert in die Muskeln eintreten, wie ich es bei Tieren gefunden habe, ist nicht angegeben.

Der N. abducens entspringt beim Lachse mit zwei Wurzeln aus zwei gesonderten Ganglienzellengruppen an der Basis des Hirns, medial vom Austritt des N. acustico-facialis; der erste Kern des N. abducens liegt im Bereiche des Acustico-facialisursprunges; der zweite Kern reicht kaudalwärts darüber hinaus. Genaueres über diese Verhältnisse kann hier nicht gegeben werden. Ich füge hier nur die Abbildung 57 aus einem Sagittalschnitte durch einen 52 Tage alten Lachsembryo bei, in der der N. abducens mit seinen beiden Wurzeln von zwei getrennten Ganglienzellengruppen an der Hirnbasis bis zu seinem Eintritt in den im Querschnitt getroffenen M. rectus lateralis oculi verfolgt werden kann.

Die Verhältnisse sind in unveränderter Weise bei 2,5 cm langen jungen, in der freien Natur gefangenen Lachsen erhalten. Nur sind in die Region der beiden Kerne des N. abducens mehr Zellen hineingerückt, als sie bei jüngeren Tieren gefunden werden.

Fig. 57.

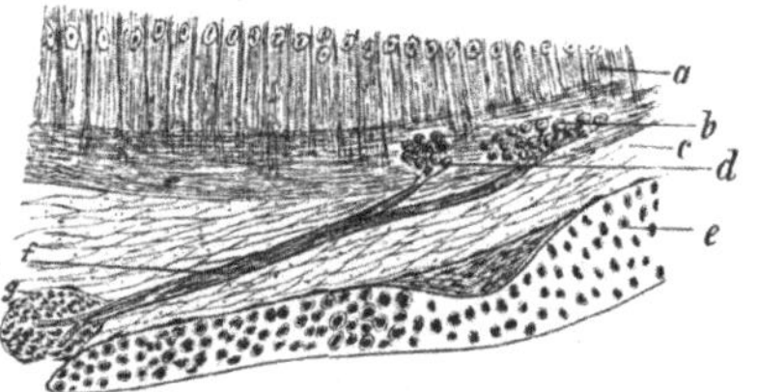

Ursprung und Verlauf des Nervus abducens beim 52 Tage alten Lachs.

a Hirnsubstanz, *b* kaudales Ganglion, *d* apikales Ganglion des N. abducens, *c* sulziges Bindegewebe, *e* Primordialkranium, *f* der N. abducens, *g* Querschnitt des M. rectus lateralis oculi und Eintritt des N. abducens in den Muskel. Sagittalschnitt. (Vergr. Leitz 5, Ok. 0.)

Somit würden in Übereinstimmung mit van Wijhe's Funden an Selachiern auch bei den Teleostiern an der Acustico-facialisgruppe deutlich zu unterscheiden sein: ein dorsaler, sensibler Nerv, der Acusticus, ein dorsaler motorischer Nerv, zu den vom Cölom direkt abstammenden Muskeln ziehend, der Facialis, und ein ventraler motorischer Nerv für den aus einem oder wahrscheinlicher aus zwei Somiten abstammenden M. rectus lateralis oculi, der N. abducens.

Die Meinungsverschiedenheiten in betreff der Selbständigkeit des N. oculomotorius und trochlearis oder der Einbeziehung dieser Nerven zu einem einheitlichen Trigeminusgebiet wird man vorläufig nicht durch überzeugende Tatsachen aufheben können. Nur soviel steht fest, daß die Neuralleiste des Kopfes, bevor sie sich in die einzelnen Nerven- und Gangliengruppen sondert, sich in ein Trigeminusgebiet und das ihm folgende Acustico-facialis-abducensgebiet trennt, soweit die Untersuchung der Kopfganglien hier in Frage kommt.

Die Lage der Kerne der Augenmuskelnerven an der Hirnbasis ist bei Lachsembryonen durch größere Zwischenräume getrennt, die Kreuzung der beiden Nn. trochleares bei geeigneter Vorbereitung der Präparate leicht zu erkennen. Es bleibt noch aufzuklären, durch welche mechanische Momente es bedingt wird, daß der N. trochlearis an der dorsalen Seite austritt, und wann und in welcher Weise die Kreuzung seiner Fasern sich ausbildet.

§ 27. Die Augenmuskeln. Auf das engste mit dem Problem der Wirbeltheorie des Schädels ist die Frage nach der Entstehung der Augenmuskeln und ihrer Nerven verknüpft. Man würde sich aber einer Täuschung hingeben, wenn man behauptete, diese Frage sei durch das bisher gesammelte Material schon spruchreif geworden. Trotz einer großen Zahl von gewiß sorgfältigen Arbeiten auf diesem Gebiete sind die Meinungen über die Verwertung der gefundenen Tatsachen geteilt.

Eine der bedeutsamsten hierhergehörigen Untersuchungen stammt von van Wijhe, nachdem schon Goette, Balfour, Milnes Marshall, Julia Platt, C. K. Hoffmann wichtige Vorarbeiten geliefert hatten. van Wijhe gelang der Nachweis, daß bei den Selachiern die Augenmuskeln sich aus ähnlichen Anlagen heranbilden wie die Rumpfmuskulatur, daß ganz bestimmte Muskelgruppen des Auges aus bestimmten Anlagen hervorgehen und von bestimmten Nerven versorgt werden.

Fig. 58.

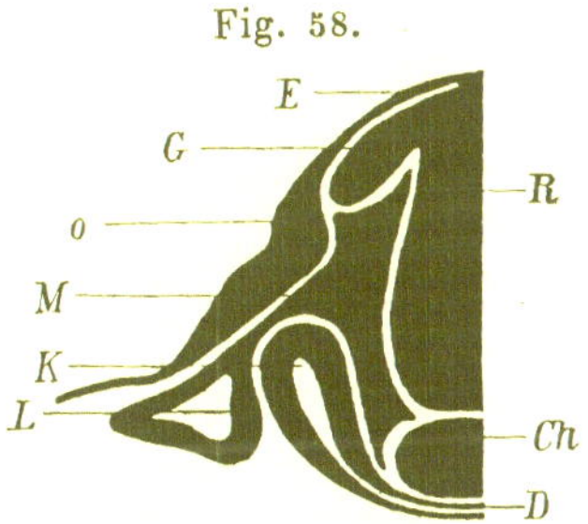

Querschnitt aus der Ohrgegend eines 17 Tage alten Lachsembryos. *R* Hirn, *Ch* Chorda dorsalis, *D* Darm, *L* Leibes- (hier Kopf-) höhle, *K* Kiementasche, *M* Mesoderm, *O* Ohrblasenanlage, *G* Ganglion des Acustico-facialis, *E* Ektoderm.

In neuerer Zeit sind von A. B. Lamb Untersuchnngen bei Acanthias mit gleichem Ergebnis ausgeführt worden.

Die Rumpfmuskulatur entsteht aus metameren Ausstülpungen der Leibeshöhle, den Somiten, die sich abschnüren und bei niederen Wirbeltieren noch durch Knospenbildung die Muskeln der Gliedmaßen erzeugen.

Nachdem nun Goette und Balfour den Beweis geliefert hatten, daß die Leibeshöhle in den Kopf sich als Kopfhöhle fortsetze, zeigte van Wijhe, daß sich aus der Kopfhöhle in analoger Weise wie am Rumpf aus der Leibeshöhle dorsal gerichtete Somiten bilden, aus denen die Augenmuskeln hervorgehen, während der ventrale Teil der Kopfhöhle durch die Kiemenspalten zerlegt werde und die Kiemenmuskulatur erzeuge.

Lassen wir die Bedeutung dieses Vorganges für die Erkennung einer Metamerie des Schädels beiseite, so bleibt als wichtiges Ergebnis dieser Untersuchung bestehen, daß bei den Rochen und Haien die Augenmuskeln aus Ausstülpungen oder erst sekundär hohl werdenden Wucherungen der Kopfhöhle hervorgehen. Aber auch bei den Knochenfischen gibt es in einem kurz andauernden Stadium vor der Ohrblase isolierte Wucherungen der Kopfhöhle, die man Myotomen gleichsetzen kann. Sie sind zwar nicht hohl, wie die der Rumpfregion, man weiß jedoch hinlänglich, daß namentlich bei den Knochenfischen Teile solid angelegt werden, die bei anderen Tiergruppen deutlich als Ausstülpungen auftreten, so daß der Bau keinen Einwand abgeben kann. Die Topographie der Teile findet man in Fig. 58

nach einem Querschnitte aus der rostralen Gegend der eben angelegten und noch offenen Ohrblase eines 17 Tage alten Lachsembryos. Die Deutung von *M* als Somit ist deshalb erlaubt, weil rostral und kaudal von diesem Schnitte die Kopfhöhle *L* nicht wie hier durch einen Stiel mit den *M* bildenden Zellen zusammenhing. *M* stellt somit eine lokale Wucherung der Kopfhöhle dar.

Über das Verhalten der Embryonen höherer Wirbeltiere mit Bezug auf die Somiten des Kopfes sind mit Ausnahme ZIMMERMANN's (140), der an einem jungen menschlichen Embryo drei kleine Höhlen als Kopfmyotome zu deuten geneigt ist, die Autoren der Meinung, daß vor dem Ohre von einer Gliederung des Mesoderms keine Rede sein könne. Somit tritt hier dieselbe Erscheinung wie bei der Extremitätenmuskulatur der Wirbeltiere auf, die bei Selachiern sich kontinuierlich von Muskelknospen der Myotome ableiten läßt, während der Entwicklungsgang bei den höheren Tieren mehr oder weniger verwischt wird.

Betrachten wir jetzt die weiteren Veränderungen der Augenmuskelanlagen bei den Selachiern, so bildet nach VAN WIJHE (75) sich aus dem ersten Kopfsomit der M. rectus superior, der M. rectus medialis, der M. rectus inferior und der M. obliquus inferior; aus dem zweiten Kopfsomit der M. obliquus superior und aus dem dritten Kopfsomit der M. rectus lateralis. (Die Muskelbezeichnungen sind, von der Topographie beim Menschen ausgehend, auf die Tiere übertragen, obschon sie zu den Körperachsen in anderer Weise orientiert sind. Sie werden aber von homologen Nerven versorgt.)

Diese glatte Ableitung einzelner Muskelgruppen des Auges aus isolierten Anlagen gelingt bei den höheren Wirbeltieren nicht.

Bei meinen Untersuchungen an Lachsembryonen hat sich zwar eine Andeutung von Kopfsomiten gezeigt, aber eine Ableitung der Augenmuskeln wie bei den Selachiern ist trotzdem nicht möglich gewesen. Ebensowenig ist dies bis jetzt für die übrigen Wirbeltierklassen gelungen. So entwickeln sich nach KUPFFER (100) die Augenmuskeln von Petromyzon Planeri nicht aus den Wänden der apikalen Kopfhöhlen, sondern zum größten Teil aus der vom trabekularen Viszeralbogen gebildeten mesodermalen Augenkapsel. Der M. obliquus superior entsteht aus der Muskulatur des Velums. Der M. lateralis oculi (rectus posterior) bildet wahrscheinlich einen Fortsatz des Seitenrumpfmuskels.

Bei Amphibien ist die Entstehung der Augenmuskeln noch nicht aufgeklärt (vgl. CORNING, 142); bei Eidechsen und Vögeln haben CORNING und REX wertvolle Untersuchungen über die Entstehung der Augenmuskeln aus Kopfhöhlen geliefert; doch bedarf es noch weiterer Untersuchungen sowohl dieser Wirbeltierklassen, als der Säugetiere, um die bei Selachiern erkannte Einfachheit der Ableitung sicherzustellen.

Über die erste Entwicklung der Augenmuskeln bei Säugetieren liegt eine Arbeit Reuter's (131) vor. Nach ihm ist beim Schweineembryo von ungefähr 36 Urwirbeln die Anlage der Augenmuskeln in Form eines großkernigen und protoplasmaarmen Zellhaufens schon vorhanden, während die übrige Muskulatur des Kopfes noch nicht zu erkennen ist.

Der Zellenhaufen liegt in der Gegend, wo der Augenblasenstiel das Gehirn verläßt, neben der Chorda dorsalis, zwischen Carotis interna und Vena jugularis. Seine Form ist die eines ⊤. Die beiden bogenförmig ineinander übergehenden Schenkel der Anlage umfassen den Stiel der Augenblase. In den hinteren Stiel der Muskelanlage tritt der N. abducens ein. Die Schenkel selbst durchsetzt der N. oculomotorius von vorn und oben, um im unteren Schenkel zu enden. Der N. trochlearis erreicht die Muskelanlage erst in einem späteren Stadium, indem er an die Spitze des oberen Schenkels herantritt.

Dann wandert die Muskelanlage unter Verlust des hinten gelegenen Stieles gegen den N. opticus, wird kelchförmig, strahlt mit blätterartigen Ausläufern gegen den Augapfel aus und bildet aus den Ausläufern die einzelnen Muskeln.

Eine Entwicklung der zu den drei getrennten Nervengebieten: N. oculomotorius, abducens und trochlearis gehörigen Muskelgruppen aus besonderen Kopfabschnitten ließ sich nicht nachweisen.

Somit gehen beim Schwein nach den Untersuchungen Reuter's die Augenmuskeln aus einem Zellenhaufen hervor, der sich erst später aus dem Mesenchym des Kopfes differenziert und mit den drei Augenmuskelnerven verbindet. Demgemäß wäre bei den Säugetieren, speziell dem Schweine, die Metamerie des Kopfes verloren gegangen, soweit sie in der getrennten Anlage der Augenmuskeln bei niederen Wirbeltieren sich ausspricht.

Kann man somit bei den höheren Wirbeltieren den Ursprung der Augenmuskeln nicht auf einfache, gesonderte Zellgruppen zurückverfolgen, wie es van Wijhe bei den Selachiern gelang, so ist dafür ein anderer Nachweis über das Wachstum der einzelnen Muskeln um so sicherer zu erbringen.

Schon den älteren Beobachtern (vgl. Manz, S. 54, 1. Aufl. d. Handb.) war es aufgefallen, daß die geraden Augenmuskeln bei jüngeren Embryonen nicht so weit gegen den Rand der Hornhaut vorgeschoben sind wie beim Neugeborenen und Erwachsenen. In den beiden Figuren 59 und 60 sind die Unterschiede in der Lagerung des M. obliquus superior und des M. rectus superior zum Kornealrande beim Lachsembryo von 43 Tagen und beim erwachsenen Lachs dargestellt. Die Abbildungen wurden auf ungefähr gleiche Größe gebracht, die vom Embryo durch Vergrößerung und die vom erwachsenen Tiere durch entsprechende Verkleinerung. Beim erwachsenen Exemplare sind beide Muskeln in den vorderen Bulbusabschnitt eingerückt;

der M. obliquus superior deckt zum Teil den Ansatz des M. rectus superior und greift lateral noch über ihn hinaus. Beim Embryo liegen beide Muskeln im hinteren Bulbusabschnitte, und das bulbäre Ende des M. obliquus superior grenzt eben an das des oberen geraden Muskels. Schon am unversehrten Embryo mit den stark nach außen vorspringenden Augen läßt sich erkennen, daß die Augenmuskeln noch weit vom Kornealrande entfernt sind. Die Augen lassen sich leicht als Ganzes unversehrt herauspräparieren. Die Übersicht ist ungemein einfach zu gewinnen, indem man im vertieften Objektträger die isolierten Augen dreht. An Schnittserien ist die Lage und das Wachstum der embryonalen Muskeln noch sicherer nachzuweisen, weshalb ich mich selbstverständlich auch dieser Methode bedient habe.

Ausgedehnte Untersuchungen, über die an anderer Stelle eingehender berichtet werden soll, haben mich davon überzeugt, daß auch die Augenmuskeln demselben Wachstumsgesetze unterliegen, wie ich es früher für die

Fig. 59. Fig. 60.

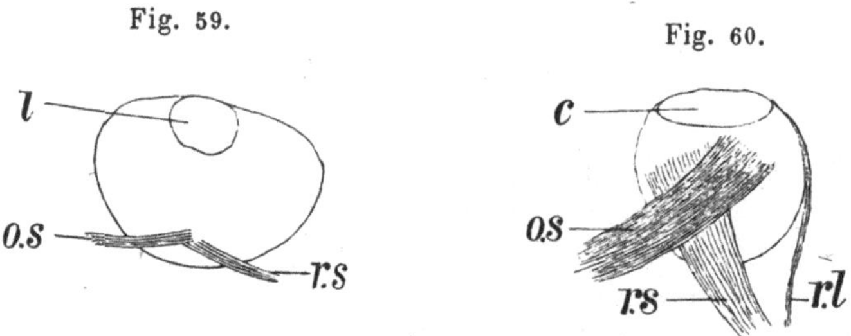

Augen eines 43 Tage alten und eines ausgewachsenen Lachses, von oben gesehen; das jüngere Auge vergrößert, das ältere verkleinert.
l Linse, *o.s* Musculus obliquus superior, *r.s* M. rectus superior, *r.l* M. rectus lateralis, *c* Kornea.

Muskeln im allgemeinen formuliert habe. Nennt man den Teil eines Nerven von seinem zentralen Ursprunge bis zum Eintritt in den Muskel die extramuskuläre Strecke, seine Verzweigungen im Muskel die intramuskuläre Strecke, so gibt die extramuskuläre Nervenstrecke den Weg an, den die erste zellige Muskelanlage bis zu ihrer Vereinigung mit dem Nerven zurückgelegt hat, und die intramuskuläre Nervenstrecke die Wachstumsrichtung der quergestreiften Muskelfasern, deren Bildung erst nach der Vereinigung der Anlage mit dem Nerven erfolgt.

Die Eintrittsstelle der Nerven in die vier geraden Augenmuskeln der Säugetiere und des Menschen liegt nahe dem Foramen opticum; die Nerven erreichen jeden Muskel von der Innenseite. In den M. obliquus superior tritt der Nerv nahe dem Foramen opticum von der Außenseite ein; den M. obliquus inferior erreicht der Nerv erst in der Mitte des Muskelbauches. Man sollte demgemäß erwarten, daß der M. obliquus superior und die Mm. recti sich während des embryonalen Wachstums nach und nach dem Kornealrande nähern. Das habe ich aus Mangel an Material zwar nicht für den Menschen, wohl aber für verschiedene Säugetiere nachweisen können. Der M. obliquus superior wächst wie die Mm. recti aus der Tiefe der Orbita gegen den Bulbus vor und gelangt auch mit seiner Augenendsehne erst nach und nach aus dem vorderen in den hinteren Bulbusabschnitt.

Die Säugetiere unterscheiden sich, was den Verlauf des M. obliquus superior anlangt, von den übrigen Wirbeltieren. Bis zur Klasse der Vögel einschließlich zieht der M. obliquus superior vom Os frontale zum Augapfel, hat somit im Gegensatze zu dem gleichnamigen Muskel der Säugetiere eine recht lange extramuskuläre Nervenstrecke. Durch das verschiedene Wachstum des Muskels bei den Embryonen der einzelnen Wirbeltierklassen läßt sich zeigen, daß der Muskel der Säugetiere keine direkte Weiterentwicklung von den niederen Wirbeltieren her darstellt, wie ich das früher schon aus dem Verhalten der Nerven bei erwachsenen Tieren geschlossen hatte. Der M. obliquus superior der Säugetiere ist keine Rückwärtsverlängerung des bei Fischen, Amphibien, Reptilien und Vögeln nur bis zum Os frontis reichenden, kurzen Muskels. Der Säugetiermuskel wird beim Embryo in seinem hinteren Abschnitte früher angelegt und wächst von da erst nach vorn gegen das Auge.

Noch zwei Beispiele seien dafür angeführt, wie man aus dem Orte des Nerveneintrittes in den Muskel auf die Art seines Wachstums schließen kann.

Der M. rectus lateralis der Fische reicht sehr weit okzipitalwärts. Der Nerv tritt von der Außenseite, etwa in der Mitte des Verlaufes ein. Die Erwartung, daß das Auswachsen der Muskelfasern sowohl gegen das Auge als auch rückwärts gegen die Schädelbasis in Übereinstimmung mit der Nervenverteilung im Muskel erfolgen würde, bestätigte sich völlig bei der Untersuchung der betreffenden embryonalen Stadien. Auch der M. obliquus inferior der Säuger wächst entsprechend der Eintrittsstelle seines Nerven, die fast in der Mitte des Muskels liegt, sowohl gegen die Augenplatte des Oberkiefers an der Basis der Orbita, als gegen den Augapfel hin. Beim Muskelwachstum sind also zwei Bewegungen auseinanderzuhalten: die primäre Wanderung der zelligen Anlage, erkennbar an der Länge der extramuskulären Nervenstrecke, und das später erfolgende Wachstum der Muskelfibrillen, das immer und bei allen Muskeln von der Form der intramuskulären Nervenverteilung abgelesen werden kann.

Bekanntlich ist die Zahl der Augenmuskeln in den verschiedenen Wirbeltierklassen nicht gleich. Sechs in drei Gruppen geteilte Muskeln, entsprechend den drei motorischen Augennerven, kommen allen Wirbeltieren gleichmäßig zu. Die drei Nerven bleiben konstant, aber die Zahl der von ihnen versorgten Muskeln ist variabel. Dem Menschen fehlt der mit dem M. rectus lateralis zum Gebiete des N. abducens gehörige M. retractor bulbi. Wie den Säugetieren kommt ihm dagegen ein M. levator palpebrae superioris zu, der in den anderen Wirbeltierklassen nicht auftritt, da die Lidbildung nicht weit genug vorgeschritten ist.

Beim Menschen ist nach den Angaben von Fr. Henckel (135) an 20 mm langen Embryonen noch kein M. levator palpebrae superioris vorhanden. Seine Ableitung aus dem M. rectus superior, wie Reuter dies beim Schweine nachgewiesen hat, gelang an dem menschlichen Untersuchungsmaterial zwar nicht, wird aber für wahrscheinlich gehalten. Zuerst liegt der M. levator seitlich zum M. rectus superior (bei 60 mm langen menschlichen Embryonen), überlagert aber schon bei 75 mm langen Embryonen den medialen Rand des M. rectus superior und hat am Ende des vierten Monats die definitive Lage des Erwachsenen erreicht, indem er sowohl proximal den medialen Rand als distal den ganzen Bauch des M. rectus superior bedeckt.

Bei keinem der bekannten Säugetiere ist die Verlagerung des M. levator palpebrae superioris so weit vorgeschritten wie beim Menschen; auch ist, wenn schon die sechs Augenmuskeln ausgebildet sind, anfänglich ebensowenig wie beim Menschen und dem Schweine der M. levator palpebrae superioris schon vorhanden, wie ich beim Kaninchen und der Fledermaus feststellen konnte.

Versucht man das Typische in der Entwicklung der Augenmuskeln der Wirbeltiere zu erkennen, so ist überall eine Trennung in drei Gruppen durchgeführt. Von diesen Gruppen, mag die zugehörige Zahl von Einzelmuskeln größer oder kleiner sein, ist die erste dem N. oculomotorius, die zweite dem N. trochlearis, die dritte dem N. abducens zugeteilt. Jede derselben entwickelt sich bei den Selachiern aus einer gesonderten Anlage. Für die Augenmuskeln der höheren Wirbeltiere hat sich diese Art der Entstehung bisher nicht nachweisen lassen, wenn auch die Zimmermann'schen Angaben über die Kopfhöhlen eines 3,5 mm langen menschlichen Embryos nach dieser Richtung hin höchst bemerkenswert sind.

Nennt man die bei den Fischen vorhandenen Muskeln den archaistischen Bestand, so ist, wie die Beobachtung der entsprechenden Entwicklungsstadien zeigt, eine jede der drei Gruppen imstande, zu der ursprünglichen Zahl neue Muskeln anzulegen, die der Klasse eigentümlich sind, in der folgenden aber nicht erhalten bleiben, sondern durch andere aus dem archaistischen Bestande ersetzt werden. Es tritt also zu den ältesten sechs Augenmuskeln kein weiterer, zu einem anderen Nervengebiete gehörender oder aus einer neuen Anlage entstehender Muskel hinzu; alle neu auftretenden Muskeln spalten sich von einem der sechs ursprünglichen ab, sind selbst durch die Klassen hindurch, ja, wie das Beispiel des Retractor bulbi zeigt, von Genus zu Genus inkonstant, während die anfänglichen sechs Muskeln, vier gerade und zwei schräge, der Zahl nach wenigstens, erhalten bleiben. Ob aber die archaistischen sechs Muskeln bei allen Wirbeltieren wirklich homolog sind, darf selbst an der Hand des vorläufig noch unvollständigen Beweismateriales bezweifelt werden. Die Eigentümlichkeiten des Nervenverlaufes bei den einzelnen Klassen sind nur für die zur Oculomotoriusgruppe gehörigen Muskeln dieselben. Sowohl im Trochlearis- als im Abducensgebiete zeigen sich Abweichungen, auf die aber hier nicht näher eingegangen werden kann. Wenn auch bei den Selachiern nur im Oculomotoriusgebiete eine Spaltung der einheitlichen Anlage in vier Muskeln (drei Recti und einen Obliquus) vorkommt, so zeigt doch die Entstehung des M. retractor bulbi der Säugetiere schon, daß auch das Abducensgebiet zur Polymerisierung neigt. Wäre das Material nicht so ungünstig, so würde man vielleicht entwicklungsgeschichtlich nachweisen können, daß auch der M. obliquus superior der Säugetiere ein ganz anderer Muskel als der gleichnamige der übrigen Wirbeltierklassen ist, der allmählich zugrunde geht, aber aus derselben Anlage durch den in seiner Nervenverteilung und in seinem Verlauf durchaus verschiedenen Muskel vom Säugetiertypus ersetzt wird.

Die Wachstumsrichtung der Augenmuskeln kann wie bei den übrigen Muskeln aus dem Orte des Nerveneintrittes und der Richtung der intramuskulären Nervenverzweigung erkannt werden.

Alle Muskeln erreichen den Augapfel erst sekundär. Dadurch muß eine große Variabilität im Orte der sehnigen Verbindung mit der Sklera gegeben sein; Brückenbildungen zwischen benachbarten Muskeln sind ermöglicht; kurz, die Bewegungsform und Bewegungsfreiheit des Bulbus müssen bei den verschiedenen Wirbeltierklassen sowohl als bei den einzelnen menschlichen Individuen großem Wechsel unterworfen sein.

Was die zeitliche Entwicklung der menschlichen Augenmuskeln anlangt, so hat Manz (50) im dritten Monat die vorderen Abteilungen desselben schon als isolierte, dünne Stränge mit deutlich quergestreiften Fasern erkennen können. Die Ansätze lagen ziemlich weit entfernt vom Kornealrande. Der M. rectus lateralis war von allen der breiteste, der M. rectus medialis kaum halb so breit wie der M. rectus lateralis. Die Anatomie der Mm. obliqui blieb unaufgedeckt.

Die Lidmuskeln sind Abkömmlinge des Platysmas. Kurz vor der Geburt ist der Orbicularis oculi bei der Maus noch nicht, an zwei Tage alten Jungen dagegen deutlich nachweisbar. Bei menschlichen Embryonen habe ich keine Untersuchungen auf diesen Punkt bis jetzt anstellen können; doch muß der Nervenverteilung gemäß der gesamte Orbicularis oculi und Sphincter palpebrarum denselben Ursprung haben, und der bei den Tieren fehlende Horner'sche Muskel sekundär in die Augenhöhle eingewandert sein.

§ 28. Die Entwicklung der Gefäße des Auges. Die Kenntnis der Gefäßentwicklung des Auges wurde wesentlich durch die Untersuchungen Oskar Schultze's (114) und in neuerer Zeit Versari's (173) und Seefelder's (211) für das menschliche Auge gefördert. Da die Verdienste seiner Vorgänger von SCHULTZE gebührend gewürdigt worden sind, so darf mit Bezug auf diesen Punkt füglich auf die Originalarbeit und ihr Literaturverzeichnis verwiesen werden.

Die ersten Gefäße des Auges treten schon zu einer Zeit auf, wo die Linse noch nicht abgeschnürt ist; sie liegen im Mesoderm um die sekundäre Augenblase herum, also außen am späteren Pigmentalblatte der Retina, am Linsenhalse und im späteren Glaskörperraume. Man vergleiche hierzu die Fig. 61 von einem 0,6 cm langen Mäuseembryo. Die Gefäße enthalten kernhaltige Blutkörperchen und haben eine nur aus einer einfachen Zellenlage zusammengesetzte Wandung, sind also noch nicht in Arterien und Venen fortentwickelt, tragen vielmehr alle den Charakter der Kapillaren.

Fig. 61.

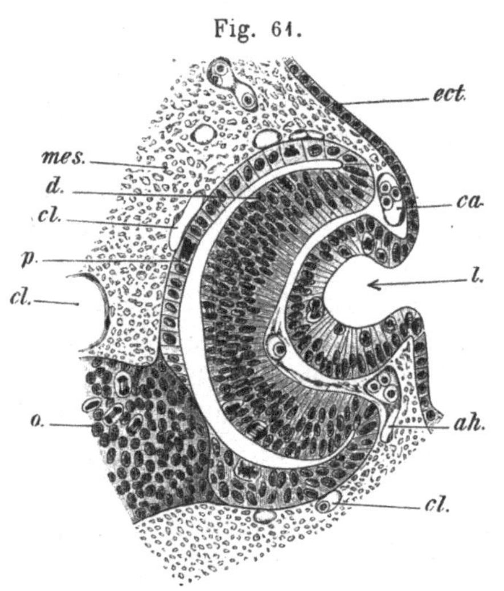

Schnitt durch die Augenanlage eines 6 mm langen Mäuseembryos. *ect.* Ektoderm, *ca.* Gefäß in der Gegend der künftigen Iris, *l.* Linsengrube, *ah.* Glaskörpergefäß, *cl.* Gefäße im Mesoderm an der Wand der Augenblase, *mes.* Mesoderm, *d.* distale und *p.* proximale Wand der sekundären Augenblase, *o.* Optikusstiel, seitlich und im Längsschnitt getroffen. (Vergr. LEITZ, Syst. 5, Ok. 2.)

Außer der Gegend des Linsenhalses ist es besonders der Augenspalt, von dem aus die jungen Gefäße zwischen Linse und distale Augenblasenwand eindringen und dadurch den Weg anzeigen, den das erste, völlig ausgebildete Gefäßsystem des Auges einschlagen wird. Die Gefäße dieser beiden Gegenden sind die Anlagen der Art. hyaloidea und der Art. ciliares. Die dem äußeren Blatte der sekundären Augenblase anliegenden Gefäße sind die Anfänge des Chorioidealgefäßsystems.

Das Auge der Säugetiere besitzt aber im Laufe der embryonalen Periode Gefäßbildungen, die bei der Geburt wieder geschwunden sind, während andere Gefäße, wie die der Retina, erst ziemlich spät sich heranbilden. Es wird unsere Aufgabe sein, dem Gange der Entwicklung zu folgen.

Die Gefäße des Glaskörpers. Bei dreimonatigen menschlichen Embryonen tritt eine Arterie von der Papilla nervi optici in den Glaskörper ein, die sich sofort in eine kurze Arterie und etwa acht andere Äste teilt, die gegen die Linse hinziehen. Alle geben Glaskörpergefäße ab; der kurze Ast für den hinteren Abschnitt, die anderen für den vorderen Teil des Glaskörpers. Schon um diese Zeit finden Rückbildungen der Glaskörpergefäße statt. Bis zum 6. Monat sind die gegen die Peripherie des Glaskörpers gerichteten Gefäßäste völlig geschwunden, und die Anordnung der noch vorhandenen Gefäße ist jetzt eine solche, daß der Stamm sich erst viel näher der Linse als bei dem dreimonatigen Embryo in seine Endäste auflöst. O. Schultze bildet ein Präparat aus dieser Entwicklungsperiode vom Menschen ab. Man braucht sich aber nur die mit *s* bezeichneten Enden der in Rückbildung begriffenen Glaskörpergefäße der nebenbei reproduzierten Fig. 62 vom Rind wegzudenken, um den eben vom Menschen geschilderten Zustand zu gewinnen und zu erkennen, daß beim sechsmonatigen menschlichen Embryo die Arteria hyaloidea nur noch zur Linse hinzieht und an den Glaskörper keine Äste mehr abgibt.

Fig. 62.

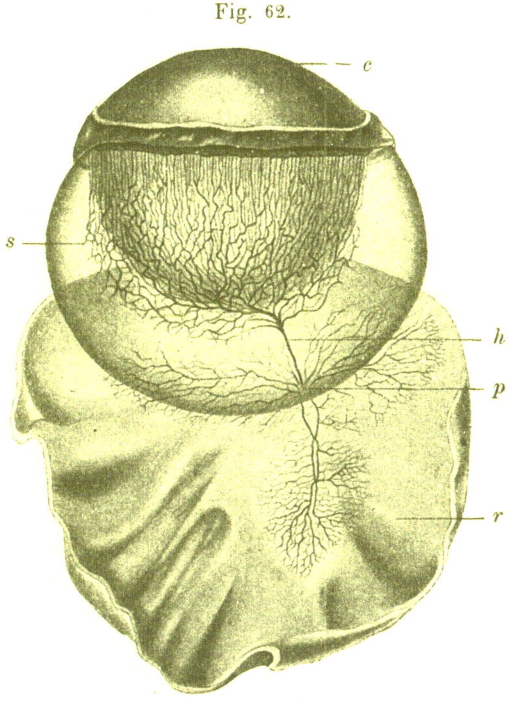

Rindsembryo von 11 cm. Sklera und Chorioides im hinteren Bulbusabschnitte entfernt; die Netzhaut *r* vom Glaskörper abgelöst und umgeklappt. Auf der Netzhaut die dreistrahlig von der Papille *p* ausgehenden Gefäße, *c* die Kornea, *s* der Glaskörper, *h* die Arteria hyaloidea. (Nach O. Schultze, Gefäßsystem im Säugetierauge l. c.)

Die Gefäße der Linse stammen aus den den Glaskörperraum von hinten nach vorn durchsetzenden Gefäßen und aus den langen Ziliararterien. Das Blut wird nur gegen die Venae vorticosae der Chorioides abgeleitet. Da die Linsenkapsel und die Pupillarmembran nur ein System von gefäßführenden Membranen darstellen, so sind mit diesen Angaben auch die Zu- und Abflußwege der Membrana pupillaris erledigt. Es ist aber, wie O. Schultze mit Recht besonders betont, verständlich, daß die dem Glaskörper zugewandten Teile der Linsenkapsel mit ihren Gefäßen eingehen können, ohne daß gelegentlich auch der vordere Abschnitt, die sogenannte Pupillarmembran, zugrunde geht. Da alle Abflußwege zur Uvea führen und auch Ziliararterien zum vorderen Abschnitt der Membrana capsulo-pupillaris gelangen, so kann der hintere, aus den Glaskörperarterien gespeiste Abschnitt eingehen, ohne daß im gegebenen Falle der vordere in Mitleidenschaft gezogen würde.

Wie die umstehende, nach O. Schultze kopierte Fig. 63 erläutert, sind beim achtmonatigen menschlichen Fötus die Gefäße der Pupillarmembran noch vorhanden. Das Zentrum derselben ist aber frei von Gefäßen; alle biegen, bevor sie es erreichen, in Schlingen um. Vom achten Monat an beginnt beim Menschen die Rückbildung der Gefäße.

Bei den bisher untersuchten Säugetierembryonen ist in früheren Stadien das ganze Gebiet der Pupillarmembran vaskularisiert. Eine gefäßfreie Mitte tritt erst später auf als Einleitung zur völligen Rückbildung, die beim Menschen schon vor der Geburt, bei den blindgeborenen Jungen der Säugetiere aber noch nicht vollendet ist. Bei der Maus sah ich die Gefäße noch deutlich erhalten am 10. Tage, beim Kaninchen am 5. Tage nach der Geburt.

Beim fünfmonatigen menschlichen Embryo fand ich die Gefäße auf der vorderen Linsenkapsel, wie sie die Fig. 63 nach Schultze auch zeigt. Vor der Mitte der Kapsel biegen die Gefäße, die mit der Lupe schon gut sichtbar sind, in Schlingen um.

Fig. 63.

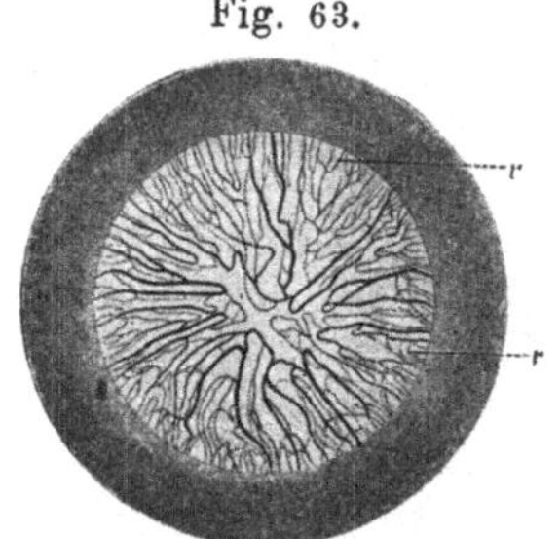

Pupillarmembran des menschlichen Fötus aus dem achten Monat. r Randschlingen. (Nach O. Schultze, Gefäßsystem im Säugetierauge.)

Man vergleiche zu diesem Abschnitte auch noch die Fig. 32 auf S. 43, Fig. 41 auf S. 55, Fig. 43 auf S. 58, Fig. 45 auf S. 60, Fig. 49 auf S. 64.

Die Gefäße der Retina. Die Gefäße der Netzhaut treten beim Erwachsenen durch die Arteria centralis retinae ein und durch die Vena centralis retinae aus, die dicht am Augapfel im N. opticus eingeschlossen sind. Da zu frühen Zeiten der embryonalen Periode keine Netzhautgefäße vorhanden sind, so fragt es sich, auf welche Weise sie entstehen. Das Einfachste wäre, sie von den schon vorhandenen Glaskörpergefäßen abzuleiten, wie das in der Tat auch fast allgemein versucht worden ist. Der Weg ihrer Entstehung ist aber ein ganz anderer.

Seine kurze vorläufige Mitteilung über die Netzhautgefäße von Embryonen leitet H. Müller (22) mit dem heute geläufigen, damals aber in seiner Bedeutung noch nur wenig gewürdigten Satze ein: »Das embryonale Verhalten der Netzhautgefäße schließt sich an die Reihenfolge nahe an, in welcher diese in der Wirbeltierreihe auftreten.«

Müller zeigt alsdann, daß wie bei Vögeln, Amphibien und Fischen, so auch beim Embryo des Menschen bis 8,5 cm Länge keine Netzhautgefäße vorhanden seien, die beim Menschen entsprechend dem Eintritte des Schwundes der Pupillenhaut allmählich in der Fläche von hinten nach vorn die Retina überziehen und von der Glaskörperseite her in die tieferen Schichten eindringen.

Müller betont die Abgeschlossenheit des Gefäßnetzes gegen die Gefäße der Linse, des Glaskörpers und der Chorioides und gibt zum erstenmale eine Erklärung für den schon vor ihm von Graefe beobachteten Mangel von eigenen Gefäßen in der fertigen Retina.

Nach ihm hat Kessler (57) noch ähnliche Angaben über die Anlage des Netzhautgefäßsystems gemacht. Mit den früheren, irrigen Vorstellungen hat aber erst, unabhängig von diesen Vorgängern, O. Schultze (114) wohl endgültig aufgeräumt.

Von der Netzhautgefäßentwicklung des Menschen lagen für meine erste Bearbeitung dieses Gegenstandes nur Beobachtungen aus dem 3. und 6. Monat vor, aus zwei Stadien, wo einmal die Gefäße fehlen, das andere Mal dagegen schon bis zur Ora serrata vorhanden sind und mit der Arteria centralis retinae zusammenhängen. Im 6. Monat sind die Gefäße des Uvealtraktus ebenfalls völlig ausgebildet. Seit jener Zeit hat Versari (173) ausgedehnte Untersuchungen über diesen Punkt angestellt und das Folgende gefunden. An 12 cm langen menschlichen Embryonen können Retinagefäße injiziert werden. Die Gefäße entstehen aus der Arteria hyaloidea und den beiden primitiven Venen des N. opticus. Die Retinagefäße verästigen sich bei 36 cm langen Embryonen bis in die innere retikuläre, bei 42 cm langen Embryonen bis in die innere Körnerschicht. Im Gegensatz zum Menschen verbinden sich die Netzhautgefäße vieler, seither untersuchter Säugetiere erst sekundär mit der Arteria hyaloidea, wie dies O. Schultze dargetan hat. So konnte er an vielen Säugern den Nachweis liefern, daß die Netzhautgefäße vom Optikus her aus den Gefäßen der Chorioides in einer anfangs vom Glaskörper und der Netzhaut künstlich abzuhebenden Haut, der Membrana vasculosa retinae, sich gegen die Ora serrata hin ausbreiten. Gehen die Gefäße des Glaskörpers zurück, so wird die Verbindung der erst allmählich hohl werdenden Retinagefäße mit dem Stamme der Arteria hyaloidea eingeleitet. In der Fig. 62, S. 85 wiedergegebenen Kopie einer Figur Schultze's vom 11 cm langen Rindsembryo sind die kleeblattförmig ausgebreiteten Gefäße der Retina noch von der Art. hyaloidea, *h*, getrennt. Die Vereinigung findet erst später statt. Bei Hund, Fuchs und Katze behalten die Gefäße der Retina zeitlebens den embryonalen Charakter; eine Art. centralis retinae fehlt hier.

Sind die Retinagefäße mit der Nervenfaserschicht verwachsen, so dringen sie in die Ganglienzellenschicht weiter vor und von dort radiär bis zu der inneren Körnerschicht. Eine Beteiligung der ziliaren Gefäße am Aufbau des Gefäßsystems der Retina kommt nach Versari und Seefelder (211) nicht vor.

Nach der Art. centralis retinae entwickelt sich im Stamme des Nervus opticus auch die Vena centralis retinae, so daß nicht mehr wie anfänglich alles Blut des hinteren Bulbusabschnittes durch die Venae vorticosae, sondern das der retinalen Gefäße durch die Vena centralis retinae abgeleitet wird. Die Art. hyaloidea geht zugrunde.

Der Schlemm'sche Kanal ist um die Mitte des vierten Schwangerschaftmonats beim menschlichen Embryo nachweisbar, wie Seefelder und Wolfrum feststellten.

§ 29. Die Entstehung der Augenhöhle. Von den an der Bildung der Augenhöhle beteiligten Schädelknochen des erwachsenen Menschen machen vom zweiten Embryonalmonat an die Pars orbitalis des Stirnbeines, das Keilbein und das Siebbein ein knorpeliges Vorstadium durch; sie sind Teile des Primordialkraniums. Die übrigen Knochen: das Wangenbein, der Oberkiefer, das Gaumenbein und das Tränenbein entstehen aus der bindegewebigen Anlage direkt als Belegknochen. Die Augenplatte des Stirnbeines nimmt insofern eine Ausnahmestellung ein, als sie in der Form einer knorpelig vorgebildeten Platte wieder vergeht und der die Augenhöhle mitbildende Teil mit dem ganzen Stirnbein zusammen als Deckknochen sich entwickelt.

Die Verknöcherung der einzelnen Teile geschieht von bestimmten Verknöcherungspunkten aus in folgender Weise:

Im zweiten Embryonalmonat verknöchern beim Menschen nach den Angaben von Spöndli (15), Kölliker (28) und Oscar Schultze (130):

Der Oberkiefer aus mehreren Knochenkernen.
Das Wangenbein aus drei Knochenkernen.
Das Gaumenbein aus einem Knochenkern.

Im dritten Monat:

Das Tränenbein.

Das vordere Keilbein aus vier Knochenkernen, zwei in den Alae parvae und zwei im Körper. Die Kerne verschmelzen im sechsten Monat untereinander und mit dem hinteren Keilbein. Spuren der Synchondrose der vereinigten Knochen sind noch im dreizehnten Lebensjahre vorhanden.

Das hintere Keilbein aus acht Knochenkernen, wovon zwei in den großen Flügeln gelegen sind. Beim Neugeborenen sind die Alae magnae, auf die es für unsere Betrachtung ankommt, noch vom übrigen Keilbein getrennt; sie verwachsen mit ihm erst im ersten Lebensjahre.

Das Stirnbein hat am Ende des dritten Monats schon ansehnliche Knochenkerne. Die als ein Teil des Chondrokraniums angelegte Orbitalplatte geht wieder zugrunde.

Im vierten Monat beginnt die Verknöcherung der Lamina papyracea des Siebbeins, während die nasen- und hirnwärts gelegenen Teile des Knochens zum Teil nach der Geburt noch knorpelig sind.

Die Augenhöhle ist anfänglich flach, so daß im dritten Monat noch der größere Teil des Augapfels aus ihr hervorragt. Erst im vierten bis fünften Monat vertieft und vergrößert sich die Höhle so weit, daß der vorher glatt anliegende Augapfel im hinteren Abschnitt durch das entstehende Fettgewebe von den Wänden abgedrängt und im vorderen Abschnitt mehr und mehr bedeckt wird. Aber selbst bei der Geburt ist die Orbitalplatte des Stirnbeines noch kurz, und das Hervorragen des Margo supraorbitalis bildet sich erst später aus.

§ 30. Maßtabelle menschlicher Embryonen, das Augenwachstum betreffend. In der folgenden Tabelle findet man eine Zusammenstellung von Messungen an Augen menschlicher Embryonen und ausgetragener Früchte, wie sie Rieke (Graefe's Arch. Bd. 30, 1884), freilich nicht immer an frischen Augen ausgeführt hat. Der Autor gibt an, zusammengesunkene Bulbi mit Wasser so weit angefüllt zu haben, bis der natürliche Spannungsgrad wieder erreicht war. Wenn diese Zahlen somit auch nicht einwandsfrei sein dürften, so geben sie doch ein annähernd zutreffendes Bild von dem Fortschreiten des Wachstums.

Nr.	Alter	Gewicht g	Größter Durchmesser des Auges mm	Durchmesser des Auges vom Scheitel der Kornea bis zum Sehnerveneintritt mm	Breite der Kornea mm	Höhe der Kornea mm	Bemerkungen
1	4. Monat	137	8,7	7,0	4,2	—	
2	5. »	350	10,8	9,8	4,9	—	
3	5. »	400	10,9	9,6	5,2	—	
4	5. »	530	11,7	10,9	5,9	—	
5	7. »	—	13,9	12,9	7,0	—	angeblich aus dem 7. Monat
6	7. »	1450	15,2	14,5	8,6	—	
7	7. »	1480	15,5	14,9	8,7	8,0	
8	7. »	1630	15,1	14,4	8,8	8,3	
9	7. »	1950	15,2	14,6	9,0	8,4	
10	8. »	2100	16,1	15,6	8,6	—	
11	8. »	2400	16,4	15,9	9,3	8,9	
12	8. »	2500	16,3	15,9	9,2	—	
13	9. »	2550	16,7	16,2	9,5	—	
14	Reifes Kind	3020	17,3	17,0	9,9	9,5	hat mehrere Stunden gelebt
15	Reifes Kind	—	17,8	17,4	10,0	10,0	
16	Reifes Kind	—	18,1	17,8	10,1	9,7	sehr kräftig, hat mehrere Tage gelebt
17	Kind von $4\frac{1}{2}$ Jahren	—	21,5	21,3	10,8	—	
18	Erwachsener	—	22,5-24,7	—	11,6	11,0	nach der Zusammenstellung von Merkel

§ 31. Das Wachstum nach der Geburt. Nach HALBEN (148) hat das Auge des Neugeborenen eine Länge von 16,6 mm, drei Monate später 18 mm, zu Anfang des zweiten Jahres 19,5 mm, im Alter von 3 Jahren 21 mm. Das bis dahin schnelle Wachstum wird bis gegen das 15. Jahr nur schwach gefördert; die Achse ist alsdann 22,3 mm lang und beim Erwachsenen je nach dem Refraktionszustande um wenig größer.

O. LANGE (153) hat den schon von IWANOFF beim Erwachsenen erkannten Unterschied der Ziliarmuskeln von Hypermetropen und Myopen im Auge von Neugeborenen nachgewiesen. Demnach sind Myopie und Hypermetropie von keinen funktionellen Abänderungen des Ziliarmuskels gefolgt: die Verschiedenheiten bestehen schon vor jeder Tätigkeit des Auges im Embryo.

Nach MERKEL und ORR (113a) wächst die Strecke von der Papilla nervi optici bis zur Fovea centralis nach der Geburt nicht weiter, während namentlich die mediale Partie und mit ihr die des ganzen übrigen Augapfels noch an Ausdehnung zunehmen. Die Kornea wächst weniger als das Corpus ciliare, die Linse nur in die Breite.

Wie LAUBER (204) festgestellt hat, ist die Entwicklung der Iris des Menschen bei der Geburt noch nicht abgeschlossen.

Literaturverzeichnis.

Die ältere Literatur findet sich bei WEBER und BURDACH in den Handbüchern der Anatomie und der Physiologie, die neuere Literatur bis 1870 in NAGEL's ophthalmologischem Bericht vom Jahre 1870 zusammengestellt. Die umfassendsten Literaturangaben machen für das Gesamtgebiet der Embryologie des Menschen und der Wirbeltiere KÖLLIKER und MINOT. Die hier bis zum Jahre 1899 nachgetragenen und in der zweiten Auflage fehlenden Literaturangaben haben Nummern mit beigesetzten Buchstaben.

1828. 1. von Baer, K. E., Über Entwicklungsgeschichte der Tiere 1828—1837. (Der Schluß von Stieda herausgegeben 1888.)

1832. 2. Arnold, Fr., Anatomische und physiologische Untersuchungen über das Auge des Menschen. Heidelberg.

3. Henle, J., De membrana pupillari aliisque oculi membranis pellucentibus. Diss. inaug. Bonn.

4. Huschke, E., Über die erste Entwicklung des Auges und die damit zusammenhängende Zyklopie. Meckel's Archiv.

1835. 5. Müller, Johannes, Handbuch der Physiologie des Menschen.

6. Reich, G. F., De membrana pupillari. Diss. inaug., Berlin.

7. Valentin, G., Handb. der Entwicklungsgesch. des Menschen. Berlin.

1837. 8. Coste, Jean J. M. C. V., Embryogénie comparée. Paris.

1839. 9. Schwann, Th., Mikroskopische Untersuchungen über die Übereinstimmung in der Struktur und dem Wachstum der Tiere und Pflanzen. Berlin.

1842. 10. Bischoff, Th., Entwicklungsgeschichte des Kanincheneies. Braunschweig.

1842. 11. Bischoff, Entwicklungsgeschichte der Säugetiere und des Menschen.
12. Vogt, C., Embryologie des Salmones. Neufchâtel.
1845. 13. Bischoff, Th., Entwicklungsgeschichte des Hundeeies. Braunschweig.
1846. 14. Erdl, M. P., Die Entwicklung der Leibesform des Menschen. Leipzig.
15. Spöndli, Über den Primordialschädel der Säugetiere und des Menschen. Zürich.
1847. 16. Brücke, E., Anatomische Beschreibung des menschlichen Augapfels. Berlin.
17. Coste, Jean, Histoire du développement des corps organisés. Paris 1847—1859.
1848. 18. Schöler, H., De oculi evolutione in embryon. gallinac. Diss. inaug. Dorpat.
1850. 19. Gray, On the development of the retina and the optic nerv. Philos. Transact. London. I. p. 189.
1851. 20. Meyer, H., Beiträge zu der Streitfrage über die Entstehung der Linsenfasern. Müller's Archiv.
21. Ecker, A., Icones physiologicae. Leipzig 1851—1859.
22. Müller, H., Gesammelte Schriften von 1851—1861, herausgegeben von O. Becker. Leipzig.
1852. 23. Bischoff, Th., Entwicklungsgeschichte des Meerschweinchens. Gießen.
1854. 24. Bischoff, Th., Entwicklungsgeschichte des Rehes. Gießen.
1855. 25. von Kölliker, A., Über die Entwicklung der Linse. Zeitschr. f. wiss. Zool. VI.
26. Remak, R., Untersuchungen über die Entwicklung der Wirbeltiere. Berlin.
1858. 27. von Ammon, Fr., Die Entwicklungsgeschichte des menschlichen Auges. Graefe's Arch. IV, 1.
1861. 28. von Kölliker, A., Entwicklungsgeschichte des Menschen und der höheren Tiere. 1. Aufl. 1861. 2. Aufl. Leipzig 1879.
1862. 29. Reichert, B., Der Bau des menschlichen Gehirns. Leipzig.
30. Schmidt, F., Beiträge zur Entwicklungsgeschichte des Gehirns. Zeitschr. f. wiss. Zool. XI.
31. Stricker, S., Untersuchungen über die ersten Anlagen in Batrachiereiern. Zeitschr. f. wiss. Zool. XI.
1863. 32. von Becker, Fr. J., Untersuchungen über den Bau der Linse bei dem Menschen und den Wirbeltieren. Graefe's Arch. IX, 2.
33. Babuchin, Beiträge zur Entwicklungsgeschichte des Auges. Würzburger Verhandl. IV.
1864. 34. Steinlin, W., Beiträge zur Anatomie der Retina. Verhandl. d. naturw. Ges. zu St. Gallen. 1864/65.
1865. 35. Babuchin, Vergleichend-histologische Studien nebst einem Anhange zur Entwicklungsgeschichte der Retina. Würzburger naturw. Zeitschr. V.
1866. 36. Hensen, V., Archiv für mikroskopische Anatomie. II.
37. Schweigger-Seidel, Fr., Lösung der Augenlider. Virchow's Arch. XXXVII. S. 228—230.
38. Schultze, Max, Archiv für mikroskopische Anatomie. II. 1866 und III. 1867.
1867. 39. Schenk, S., Zur Entwicklungsgeschichte des Auges der Fische. Wiener Sitzungs-Ber., Math.-phys. Kl. LV.
1868. 40. His, W., Untersuchungen über die erste Anlage des Wirbeltierleibes. Leipzig.
1871. 41. Kessler, L., Untersuchungen über die Entwicklung des Auges, angestellt am Hühnchen und Triton. Diss. inaug. Dorpat.
1872. 42. Lieberkühn, N., Über das Auge des Wirbeltierembryos. Schriften der Gesellschaft zur Beförderung der gesamten Naturwissenschaften zu Marburg. X.
43. Sernoff, D., Zur Entwicklung des Auges. Zentralbl. für die medizin. Wissensch. Nr. 13.

1872. 44. Ranvier, L., Recherches sur l'histologie et la physiologie des nerfs. Arch. de Physiol. IV.
45. Babuchin, Linse. Stricker's Handb. d. Gewebelehre.
1873. 46. Oellacher, Fischlinse. Zeitschr. f. wiss. Zool. XXIII.
47. Boll, Fr., Die Histologie und Histogenese der nervösen Zentralorgane. Berlin.
1874. 48. Müller, W., Über die Stammesentwicklung des Sehorgans der Wirbeltiere. Festgabe an C. Ludwig. Leipzig.
49. Arnold, J., Beiträge zur Entwicklungsgeschichte des Auges. Heidelberg.
1875. 50. Manz, V., Entwicklungsgeschichte des menschlichen Auges. Dieses Handbuch. 1. Aufl. II.
51. v. Mihalkovics, V., Linse. Arch. f. mikr. Anat. XI.
52. Goette, A., Entwicklungsgeschichte der Unke. Leipzig.
1876. 53. Foster u. Balfour, Grundzüge der Entwicklungsgeschichte der Tiere. Deutsch von Kleinenberg. Leipzig.
54. Würzburg, A., Zur Entwicklungsgeschichte des Säugetierauges. Inaug.-Diss. Berlin.
55. Würzburg, A., Arch. f. Augen- u. Ohrenheilk. V, 2.
56. Born, G., Thränennasengang. Morphol. Jahrb. II.
1877. 57. Kessler, L., Zur Entwicklung des Auges der Wirbeltiere. Leipzig.
58. Lieberkühn, N., Zur Anatomie des embryonalen Auges. Schriften d. Ges. z. Bef. d. g. Naturw. Marburg.
1878. 59. Goette, A., Teleostierauge. Arch. f. mikrosk. Anatomie. XV.
59a. Claus, C., Über Charybdea marsupialis. Arbeiten aus dem zool. Inst. d. Univ. Wien. I. Vgl. auch E. W. Berger, Physiology and histology of the cubomedusae. Mem. from the biological Laboratory of the Johns Hopkins University IV, 4. 1900.
1879. 60. Angelucci, A., Vorderer Uvealtractus. Zentralbl. f. d. medizin. Wissenschaften.
61. Angelucci, A., Regia Acad. dei Lincei 1879—1880.
62. Lieberkühn, N., Beiträge zur Anatomie des embryonalen Auges. Arch. f. Anat. u. Entwicklungsgesch. Anat. Abt.
63. Born, G., Thränenorgane. Morphol. Jahrb. V.
64. Schwalbe, G., Das Ganglion oculomotorii. Jenaische Zeitschr. f. Naturwissensch. XIII.
65. van Bambeke, Ch., Contribution à l'histoire du développement de l'œil humain. Annales de la société de médecine de Gand.
66. His, W., Über die Anfänge des peripherischen Nervensystems. Arch. f. Anat. u. Physiol.
1880. 67. His, W., Anatomie menschlicher Embryonen. Heft I, II u. III. Leipzig 1880—1885.
1881. 68. Legal, E., Zur Entwicklungsgeschichte des Thränennasenganges bei Säugetieren. Breslau.
69. Angelucci, A., Arch. f. mikrosk. Anat. XIX.
70. Marshall, A. M., Kopfhöhlen. Quarterly Journal microsc. sc. XXI.
71. Königstein, L., Pupillarmembran. Arch. f. Ophth. XXVII.
72. Balfour, F. M., Handbuch der vergleichenden Embryologie. Deutsch von B. Vetter. Jena.
1882. 73. Henle, J., Linse. Arch. f. mikrosk. Anat. XX. S. 413.
74. Krause, W., Ganglion ciliare. Morphol. Jahrb. VII.
1883. 75. van Wijhe, J. W., Entwicklung der Nerven des Selachierkopfes. Verhandelingen d. k. Acad. d. Wetensch. Amsterdam. D. 22.
76. von Kölliker, A., Zur Entwicklung des Auges und Geruchsorganes menschlicher Embryonen. Festschr. d. Univers. Zürich gewidmet. Würzburg. 23 S. 4 Tafeln.
77. Koganei, Retina. Arch. f. mikrosk. Anat. XXIII.

1883. 78. Born, G., Thränennasengang. Morphol. Jahrb. VIII.
79. Legal, E., Thränennasengang. Morphol. Jahrb. VIII.
1884. 80. Königstein, L, Cilien und Meibom'sche Drüsen. Arch. f. Ophth. XXX.
81. Hoffmann, C. K., Linse. Arch. f. mikrosk. Anat. XXIII. S. 82.
1885. 82. Altmann, R., Mitosen im Zentralnervensystem. Arch. f. Anat. u. Entwicklungsgesch.
83. Rubattel, R., Recherches sur le développement du cristallin chez l'homme et quelques animaux supérieurs. Recueil zoologique suisse. Sér. I T. 2.
1886. 84. Gottchau, Zur Entwicklung der Säugetierlinse. Anat. Anzeiger. 1. Jahrg.
85. Hoffmann, C. K., Gangl. ciliare der Reptilien. Morphol. Jahrb. XI. S. 203.
86. Keibel, F., Glaskörper. Arch. f. Anat. u. Entwicklungsgesch. S. 358—369.
87. Koranyi, A., Linse. Intern. Monatsschr. f. Anat. u. Histol. III.
88. Rauber, A., Mitosen des Zentralnervensystems. Arch. f. mikrosk. Anat. XXVI. S. 623.
1887. 89. Heape, W., Augenblase. Quarterly Journ. microsc. sc. XXVII. S. 123—163.
90. Beard, J.. Ganglion ciliare. Anat. Anzeiger.
91. Falchi, Fr., Arch. ital. biol. IX, und Arch. f. Ophth. XXXIV, 2. S. 67 bis 108. 1888.
92. His, W., Arch. f. Anat. u. Physiol. S. 447.
1888. 93. His, W., Geschichte des Gehirns usw. beim menschlichen Embryo. Abh. d. K. Sächs. Ges. d. Wiss. XIV.
94. Ewetzky, Th., Thränennasengang. Arch. f. Ophth. XXXIV, 1. S. 23—36.
95. Chievitz, J. H., Anat. Anzeiger. III. S. 579—583.
1889. 96. Rabl, C., Theorie des Mesoderms. Morphol. Jahrb. XV. (Auch separat erschienen.)
97. Wilson, H. V., Embryology of the Sea bass. Bulletin of the U. St. fish commission. IX. p. 243.
98. Keibel, F., Opticus. Deutsche med. Wochenschr. S. 116.
1890. 99. Chievitz, J. H., Area und Fovea centralis. Arch. f. Anat. u. Entwicklungsgesch. S. 332—366.
100. Kupffer, C., Die Entwicklung von Petromyzon Planeri. Arch. f. mikrosk. Anat. XXXV.
101. Martin, P., Oculomotorius und Trochlearis. Anat. Anzeiger. S. 530—532.
101a. Oppel, A., Über Vorderkopfsomiten und die Kopfhöhle von Anguis fragilis. Arch. f. mikrosk. Anat. XXXVI. S. 603.
102. Seiler, H., Konjunktivalsack. Arch. f. Anat. u. Entwicklungsgesch. S. 236—249.
1891. 103. Antonelli, Ganglion ciliare. Arch. ital. biol. XIV. p. 132—135.
104. Dogiel, A., Arch. f. mikrosk. Anat. XXXVIII. S. 419—472.
105. Dohrn, A., Kopfnerven. Mitteil. d. Zool. Stat. zu Neapel.
106. Froriep, A., Sehnerv. Anat. Anzeiger. S. 155—161.
107. Peters, A., Thränennasengang. Zehender's klin. Monatsbl. f. Augenheilk.
108. Platt, Julia B., Augennerven. Anat. Anzeiger. S. 251—265.
109. Rieke, A., Pigmentierung der Chorioides. Arch. f. Ophth. XXXVII, 1. S. 62—96.
110. Schultze, O., Netzhautgefäße. Verhandl. d. anat. Ges. S. 174—180.
111. Kupffer, C., Verhandl. d. anat. Ges. S. 22—25.
111a. Ucke, A., Zur Entwicklung des Pigmentepithels der Retina. Dorpater med. Dissert.
1892. 112. Minot, Ch. S., Human embryology. New York.
113. Assheton, R., On the development of the optic nerve of vertebrates. Journ. of microsc. science. XXXIII. p. 85—104.
113a. Merkel, Fr. und Orr, A., Das Auge des Neugeborenen an einem schematischen Durchschnitt erläutert. Anat. Hefte. I, S. 271.

1892. 113b. Ramon y Cajal, La Cellule, IX; 1896, Journal de l'Anatomie et Physiologie; 1904 Trabajos del Laboratorio de Invest. biol. III. fasc. 4; 1906 ibid. IV. fasc. 4.

114. Schultze, O., Zur Entwicklungsgeschichte des Gefäßsystems im Säugetierauge. Festschr. z. 50jähr. Doktorjubiläum Kölliker's. Leipzig.

1893. 115. Eycleshymer, A. C., Optic vesicle in Amphibia. Journ. of Morphol. VIII. S. 189—193.

116. Mall, F., Histogenesis of the Retina. Journ. of Morphol. VIII. p. 415—432.

117. Ciaccio, Augenblase und Glaskörper. Arch. ital. biol. XIX. p. 232—240.

118. Krischewsky, J., Zur Entwicklung des menschlichen Auges. Würzburg.

119. Locy, W. A., The optic vesicles of elasmobranchs and their serial relation to other structures on the cephalic plate. Journ. of Morphol. IX. p. 115.

120. Nussbaum, M., Augenmuskeln. Anat. Anzeiger.

1894. 121. Nussbaum, M., Augenmuskeln. Verhandl. d. anat. Ges.

122. Kupffer, C., Entwicklungsgeschichte des Kopfes der Cranioten. Heft 2. München und Leipzig.

123. Hoffmann, C. K., Zur Entwicklungsgeschichte des Selachierkopfes. Anat. Anzeiger. IX. S. 638.

124. Retzius, G., Ganglion ciliare. Anat. Anzeiger. IX. S. 633.

125. Rüdinger, N., Glaskörper. Verhandl. d. anat. Ges. S. 177.

125a. Gabriélidès, A., Recherches sur l'embryogénie et l'anatomie comparée de l'angle de la chambre antérieure chez le poulet et l'homme, Muscle dilatateur de la pupille. Arch. d'ophtalmol. XV. p. 176.

1895. 126. Keibel, F., Studien zur Entwicklungsgeschichte des Schweines. Morphol. Arbeiten, herausg. v. Schwalbe. V.

127. Schön, W., Ora serrata. Arch. f. Anat. u. Phys. Anat. Abt. S. 417—422. Taf. 14.

1896. 128. Dixon, Fr., Scientific transactions of the Royal Dublin Society. VI, 2.

128a. Jeannulatos, P., Etude de la formation de la chambre antérieure. Embryogénie de la membrane pupillaire etc. Arch. d'ophtalm. XVI. p. 529.

129. Locy, W. A., Head of vertebrates. Journ. of Morphol. XI. p. 497.

130. Schultze, O., Grundriß der Entwicklungsgeschichte des Menschen und der Säugetiere. Leipzig 1896—1897.

130a. Rex, H., Über das Mesoderm des Vorderkopfes der Ente. Arch. f. mikrosk. Anat. L. S. 71.

1897. 131. Reuter, K., Über die Entwicklung der Augenmuskulatur beim Schwein. Anat. Hefte. IX, 1. S. 365—387.

132. Cirincione, Linsenkapsel. Arch. f. Anat. u. Entwicklungsgesch. Suppl. S. 171—192.

133. Kochs, W., Regeneration der Linse. Arch. f. mikrosk. Anat. XLIX. S. 441—461.

133a. Weiss, L., Über das Wachstum des menschlichen Auges und über die Veränderung der Muskelinsertionen an wachsenden Augen. Anat. Hefte. VIII. S. 191.

1898. 134. Cosmettatos, Recherches sur le développement des voies lacrymales. Thèse Paris.

135. Henckel, Friedr., Levator palp. super. Beiträge zur Entwicklungsgeschichte des menschlichen Auges. Anat. Hefte. S. 487.

136. Strahl, H., Zur Entwicklung des menschlichen Auges. Anat. Anzeiger. S. 298.

137. Kollmann, J., Lehrbuch der Entwicklungsgeschichte des Menschen. Jena.

138. Rabl, C., Über den Bau und die Entwicklung der Linse. Zeitschr. f. wiss. Zool. LXIII.

1898. 138a. Tornatola, S., Ricerche embriologiche sull' occhio dei vertebrati. Atti della R. Acad. Peloritana. Messina. Anno 13.

1899. 139. Rabl, C., Über den Bau und die Entwicklung der Linse. Zeitschr. f. wiss. Zool. LXV.

139a. Schaper, A., Experimentelle Studien an Amphibienlarven I. Arch. f. Entwicklungsmechanik. VI.

139b. Schultze, Osk., Über die Entwicklung des Corpus ciliare u. d. Ora serrata des Menschenauges. Verhandl. d. Ges. deutscher Naturf. u. Ärzte. II, 2. S. 455—456. München.

140. Zimmermann, K. W., Kopfhöhle beim Menschen. Arch. f. mikrosk. Anat. LIII. S. 481—484.

140a. Grynfeltt, E., Le muscle dilatateur de la pupille chez les Mammifères. Montpellier, Firmin et Montane.

141. Nussbaum, M., Entwicklung der Augenmuskeln bei den Wirbeltieren. Niederrh. Ges. 15. Mai.

142. Corning, H. K., Über einige Entwicklungsvorgänge am Kopfe der Anuren. Kopfhöhle u. Augenmuskeln. Morph. Jahrb. XXVII. S. 173.

142a. Derselbe. Augenmuskeln der Reptilien. Morph. Jahrb. XXVIII. S. 28.

143. Manouélian, Y., Recherches sur l'origine des fibres centrifuges du nerf optique. Compt. rend. Soc. biol., sér. XI, 1. p. 895—896.

144. Rabl, C., Zeitschr. f. wiss. Zool. LXVII. S. 1—138.

1900. 145. Bernheimer, St., Entwicklung und Verlauf der Markfasern im Chiasma nerv. opt. des Menschen. Wiesbaden, J. F. Bergmann und Arch. f. Augenheilk. XX.

146. Berger, E. W., Histologie des Auges. Physiology and histology of the Cubomedusae. Baltimore.

147. Heerfordt, C. F., Studien über den Musc. dilatator pupillae. Anat. Hefte v. Merkel u. Bonnet. XIV. S. 487—558.

148. Halben, R., In welchem Verhältnis wächst das menschliche Auge von der Geburt bis zur Pubertät. Dissert. med. Breslau.

149. Levi, G., Stäbchen u. Zapfen bei Urodelen. Lo sperimentale. LIV. p. 521—539.

150. Stanculeanu, G., Recherches sur le développement des voies lacrymales chez l'homme et chez les animaux. Arch. d'ophtalm. XX.

151. Versari, R., Morphologie des vaisseaux sanguins artériels de l'œil de l'homme et d'autres mammifères. Arch. ital. de biol. XXXIII. p. 145.

152. De Waele, H., Sur l'embryologie de l'œil des poissons. Bull. du Mus. d'hist. natur. p. 378—382.

153. Lange, O., Zur Anatomie des Auges des Neugeborenen (1. Ciliarmuskel, 2. Suprachorioidealraum, Zonula, Ora serrata, und sog. physiologische Excavation der Sehnervenpapille). Klin. Monatschr. f. Augenheilk. 39. Jahrg. S. 1 und 202.

154. Levi, G., Osservazioni sullo sviluppo dei coni e bastoncini della retina degli Urodeli. Monitore zool. ital. XII. p. 141—144.

1901. 155. Nussbaum, M., Die pars ciliaris retinae des Vogelauges, Arch. f. mikr. Anat. u. Entw. LVII. S. 346—353.

156. Derselbe, Die Entwicklung der Binnenmuskeln des Auges der Wirbeltiere. Arch. f. mikr. Anat. u. Entwicklungsgesch. LIX. S. 199—230.

157. Rex, H., Zur Entwicklung der Augenmuskeln der Ente. Arch. f. mikr. Anat. LVII. S. 229—271.

158. Spampani, Alcune ricerche sull' origine e la natura del vitreo. Monitore zool. italian. XII. p. 145—153.

159. Szili, A. jun., Zur Anatomie und Entwickelungsgeschichte der hinteren Irisschichten, mit besonderer Berücksichtigung des M. sphincter iridis des Menschen. Anat. Anzeiger. XX. S. 161—175 und Gräfe's Arch. f. Ophth. LIII. S. 459—498.

1901. 160. Addario, C., Über die Matrix des Glaskörpers im menschlichen und tierischen Auge. Anat. Anz. XXI. S. 9—12.

1902. 161. Hertwig, O., Lehrb. d. Entwicklungsgesch. Jena.

162. Herzog, H., Über die Entwicklung der Binnenmuskulatur des Auges. Arch. f. mikr. Anat. LX. S. 517—586.

1903. 163. Cirincione, G., Über die Genese des Glaskörpers bei Wirbeltieren. Verh. Anatom. Ges. Heidelberg. Anat. Anz. Erg.-Heft. XXIII. S. 51.

164. Collin, R., Recherches sur le développement du muscle sphincter de l'iris chez les oiseaux. Bibliographie anat. XII. p. 183—196.

165. Kallius, E., Über die Entwickelung der Glaskörpers. Verh. der med. Ges. Göttingen u. deutsche med. Wochenschr.

166. Kölliker, A., Über die Entwickelung und Bedeutung des Glaskörpers. Anat. Anz. Ergänzung. XXIII. S. 49—51.

167. von Lenhossék, M., Die Entwickelung des Glaskörpers. Leipzig, Vogel.

168. Monesi, Luigi, Einige Bemerkungen zur Morphologie der menschlichen Tränenwege im fötalen Leben. Klin. Monatsbl. f. Augenheilk. 41. Jahrg. S. 320.

169. Pée van, P., Recherches sur l'origine du corps vitré. Arch. de Biol. XIX. p. 317—385.

170. Rabl, K., Zur Frage nach der Entwickelung des Glaskörpers. Anat. Anz. XXII. S. 573—581.

171. Spampani, G., Alcune ricerche sull' origine e la natura del vitreo. Monit. Zool. Ital. XII. p. 145—153.

172. Szili v., Aurel, Zur Glaskörperfrage. Anat. Anz. XXIV. S. 417—428.

173. Versari, R., La morfogenesi dei vasi sanguigni della retina umana. Ricerche fatte nel lab. di anatomia norm. della Università di Roma ed in altri Laborat. biologici. X. p. 1—38.

1904. 174. Addario, C., La matrice ciliare delle fibrille del vitreo, loro forma e disposizione etc. Arch. di Ottalmol. XII. p. 206.

175. Boveri, Th., Über die phylogenetische Bedeutung der Sehorgane des Amphioxus. Zool. Jahrbücher. Supplement.

176. Cirincione, G., Über den gegenwärtigen Stand der Frage hinsichtlich der Genesis des Glaskörpers. Arch. f. Augenheilk. L. S. 201.

177. Dryault, A., Appareil de la vision. (Poirier et Charpy: Traité d'anatomie humaine. V. p. 1005.)

178. Forsmark, E., Zur Kenntnis der Irismuskulatur des Menschen, ihr Bau und ihre Entwickelung. Mitt. aus d. Augenklinik d. Carol. med. chir. Inst. Stockholm. S. 1—106.

178a. Fürst, C. M., Zur Kenntnis der Histogenese und des Wachstums der Retina. Lunds Universitets Årsskrift. XL. Afdeln 1. Nr. 1.

179. Kölliker, A., Die Entwicklung und Bedeutung des Glaskörpers. Zeitschr. f. wiss. Zool. LXXVI. S. 1.

180. Monesi, L., Die Morphologie der fetalen Tränenwege beim Menschen. Klin. Monatsbl. f. Augenheilk. XLII, 1. S. 1.

181. von Szili, A., Zur Glaskörperfrage. Anat. Anz. XXIV. S. 417.

1905. 181a. Berndt, A. H., Die Entwicklung des Pekten im Auge des Hühnchens aus den Blättern der Augenblase. Bonn med. Dissertation.

182. Falchi, F., Sur le développment de la glande lacrymale. Arch. ital. de biologie. XLIV. p. 412.

183. Froriep, A., Entwicklung des Auges. Handb. der vergl. u. experim. Entwicklungsgesch. der Wirbeltiere, herausg. von O. Hertwig.

184. Fuchs, H., Entwicklung der Augengefäße des Kaninchens. Anat. Hefte. XXVIII. S. 194—216.

185. Matys, V., Die Entwickelung der Tränenableitungswege. Zeitschr. f. Augenheilk. XIV. u. XVI. aus dem Jahre 1906.

1906. 186. Fleischer, Br., Die Entwickelung der Tränenröhrchen bei den Säugetieren. v. Graefe's Arch. f. Ophth. LXII, 3.

187. Fritz, W., Über die Membr. Descemeti und das Ligament. iridis usw. S. B. Acad. d. Wiss. Wien. Math. naturw. Klasse. CXV.

188. Froriep, A., Über den Ursprung des Wirbeltierauges. Münchener med. Wochenschr. Nr. 35.

189. Hirsch, K., Ist die fetale Hornhaut vascularisiert? Klin. Monatsbl. f. Augenheilk. 44. Jahrg. N. F. II. S. 13.

190. Keil, R., Beiträge zur Entwicklungsgeschichte des Auges vom Schwein (bes. Augenspalte). Anat. Hefte. XXXII. S. 1.

191. Keibel, F., Die Entwicklungsgeschichte des Wirbeltierauges. Klin. Monatsbl. f. Augenheilk. 44. Jahrg. N. F. II. S. 112 (mit ausführlichen Literaturangaben).

192. Krückmann, E., Über die Entwicklung und Ausbildung der Stützsubstanz im Sehnerven und der Netzhaut. Klin. Monatsbl. f. Augenheilk. 44. Jahrg. N. F. I. S. 162.

193. Seefelder und Wolfrum, Zur Entwicklung der vorderen Kammer und des Kammerwinkels beim Menschen usw. v. Graefe's Arch. f. Ophth. LXIII. S. 430.

194. Weysse, A. W. and Burgess, W. S., Histogenesis of the retina. The American Naturalist. XL.

1907. 195. Ask, Fr., Über die Entwicklung der caruncula lacrymalis beim Menschen nebst Bemerkungen über die Entwicklung der Tränenröhrchen und der Meibomschen Drüsen. Anat. Anz. XXX. S. 197.

196. Brückner, A., Über Persistenz von Resten der tunica vasculosa lentis. Arch. f. Augenheilk. LVI. Erg.-Heft. S. 5.

197. Stockard, Ch., B., The embryonic history of the lens in Bdellostoma Stouti in relation to recent experiments. Americ. Journ. of Anatomy. VI, 4. p. 511—515.

198. Wolfrum, M., Zur Genese des Glaskörpers. Ber. der 33. Vers. d. ophth. Ges. Heidelberg (erschienen Wiesbaden 1907). Zur Entwickelung und normalen Struktur des Glaskörpers. Arch. f. Ophth. LXV. S. 220.

1908. 199. Ask, Fr., Über die Entwickelung der Lidränder, der Tränenkarunkel und der Nickhaut beim Menschen, nebst Bemerkungen zur Entwickelung der Tränenableitungswege. Anat. Hefte. XXXVI. S. 189.

200. Contino, A., Über die Entwicklung der Karunkel und der Plica semilunaris beim Menschen. Gräfe's Arch. f. Ophth. LXXI. S. 1—51.

201. Dedekind, F., Beiträge zur Entwicklungsgeschichte der Augengefäße des Menschen. Anat. Hefte. Erste Abt. XXXVIII. S. 1.

202. Elze, C., Beschreibung eines menschlichen Embryo von ca. 7 mm. Anat. Hefte. XXXV. S. 409.

203. Keibel, F. und Elze, C., Normentafel zur Entwicklungsgeschichte des Menschen. Jena 1908.

204. Lauber, H., Beiträge zur Entwicklungsgeschichte und Anatomie der Iris und des Pigmentepithels der Netzhaut. v. Graefe's Arch. f. Ophth. LXVIII. S. 1—37.

205. Low, A., Description of an human embryo of 13—14 mesodermic somites. Journ. of anatomy and physiology. XLII, 3. p. 237.

206. Speciale-Cirincione, Über die Entwicklung der Tränendrüse beim Menschen. Gräfe's Arch. f. Ophth. LXIX. S. 193.

207. von Szili, A., Über das Entstehen eines fibrillären Stützgewebes im Embryo und dessen Verhältnis zur Glaskörperfrage. Anat. Hefte. XXXV. S. 649.

208. Broman, J. und Ask, Fr., Über die Entwicklung der Augenadnexe. Broman's Untersuchungen über die Embryonalentwicklung der Pinnipedia. D. Südpolar-Expedition. XII. S. 91.

1909. 209. Knape, E., Über die Entwicklung der Hornhaut des Hühnchens. Anat. Anz. XXXIV. S. 417—424.

210. Leboucq, G., Contribution à l'étude de l'histogenèse de la rétine chez les mammifères. Arch. d'Anatomie microsc. X. p. 555.

211. Seefelder, R., Untersuchungen über die Entwicklung der Netzhautgefäße des Menschen. v. Graefe's Arch. f. Ophth. LXX. S. 448—464.

212. Versari, R., Über die Entwicklung der Blutgefäße des menschlichen Auges. Anat. Anz. XXXV. S. 105.

213. Wessely, K., Münchener med. Wochenschr. LVI. S. 2219.

1910. 214. Ask, Fr., Studien über die Entwickelung des Drüsenapparates der Bindehaut beim Menschen. Anat. Hefte. XL. S. 491.

215. Seefelder, R., Beiträge zur Histogenese und Histologie der Netzhaut, des Pigmentepithels und des Sehnerven. (Nach Untersuchungen am Menschen.) v. Graefe's Arch. f. Ophth. LXXIII. S. 49.

1911. 216. Bach, L. und Seefelder, R., Atlas zur Entwicklungsgeschichte des menschlichen Auges. 1. Lfg. Leipzig, W. Engelmann.

217. Lang, Paul, Zur Entwickelung des Tränenausführapparates beim Menschen. Anat. Anz. XXXVIII. S. 561.

218. von Lenhossék, M., Das Ganglion ciliare der Vögel. Arch. f. mikr. Anat. LXXVI. S. 745.

219. von Szili, A., Über die Entstehung des melanotischen Pigmentes im Auge der Wirbeltierembryonen und in Chorioidealsarkomen. Arch. f. mikr. Anat. LXXVII. S. 87.

1912. 220. Baldwin, W. M., Die Entwicklung der Fasern der Zonula Zinnii im Auge der weißen Maus nach der Geburt. Arch. f. mikr. Anat. Abt. I. Bd. LXXX. S. 274.

Sachregister.

Kap. III: **Augenärztliche Heilmittel.** Prof. *Snellen jr.* in Utrecht. *(Lieferung 100 [Schluß].)* Nachtrag I. **Die nicht medicamentöse Therapie der Augenkrankheiten.** Prof. *Hertel* in Straßburg. *(Lieferung 176/177.)*
Nachtrag II. **Abriß der Brillenkunde.** Dr. *Oppenheimer* in Berlin. *(Lieferung 102 [Schluß].)*

Band V, 1. Abteilung, 1. Teil. (*Vergriffen.*)

„ IV: **Krankheiten der Conjunctiva.** Prof. *Saemisch* in Bonn. *(Lieferung 77/80, 84/90 [Schluß].)*

Band V, 1. Abteilung, 2. Teil.

„ IV: **Krankheiten der Cornea und Sklera.** †Prof. *Saemisch* in Bonn und Prof. *Wessely* in Würzburg, (unter Benutzung des zu dem Kapitel vorhandenen handschriftlichen Nachlasses von Prof. Saemisch.)

Band V, 2. Abteilung. (*Vollständig.*)

„ V: **Krankheiten der Augenlider.** †Prof. *von Michel* in Berlin. *(Lieferung 148/159 [Schluß].)*

Band V, 3. Abteilung.

„ VI: **Die Erkrankungen des Uvealtractus und des Glaskörpers.** Prof. *Krückmann* in Königsberg. *(Bis jetzt erschienen: Lieferung 135/137, 193/194.)*

Band VI, 1. Abteilung. (*Vollständig.*)

„ VII: **Glaukom. Ophthalmomalacie (essentielle Phthisis bulbi).** Prof. *Schmidt-Rimpler* in Halle a/S. *(Lieferung 138/142 [Schluß].)*

Band VI, 2. Abteilung. (*Vergriffen.*)

„ VIII: **Sympathische Augenerkrankung.** Prof. *Schirmer.* *(Lieferung 23/25 [Schluß].)*

„ IX: **Pathologie und Therapie des Linsensystems.** Prof. *Hess* in Würzburg. *(Lieferung 92/96 [Schluß].) (IX. Kapitel in 3. Auflage erschienen, s. dort.)*

Band VII.

„ X: **Die Krankheiten der Netzhaut und des Sehnerven.** Prof. *Leber* in Heidelberg.

Band VIII, 1. Abteilung.

„ XI: **Motilitätsstörungen mit einleitender Darlegung der normalen Augenbewegungen.** †Prof. *Alfred Graefe* in Weimar (früher in Halle) *(Bis jetzt erschienen: Lieferung 1/3.)*
Nachtrag I. **Die Motilitätsstörungen der Augen nach dem Stande der neuesten Forschungen.** Prof. *Bielschowsky* in Leipzig. *(Bis jetzt erschien: Lieferung 111, 183, 192.)*
Nachtrag II. **Aetiologie und pathologische Anatomie der Augenmuskellähmungen.** Prof. *Bernheimer* in Innsbruck. *(Lieferung 39. Schluß in 41/47.)*

Band VIII, 2. Abteilung. (*Vergriffen.*)

„ XII: **Die Refraktion und Akkommodation des menschlichen Auges und ihre Anomalien.** Prof. *Hess* in Würzburg. *(In 3. Auflage erschienen, s. dort.)*

Band IX, 1.—4. Abteilung.

„ XIII: **Die Krankheiten der Orbita.** Prof. *Birch-Hirschfeld* in Leipzig. *(Bis jetzt erschienen: Lieferung 112/114, 167/170.)* **Pulsirender Exophthalmus.** Prof. *Sattler* in Leipzig.

„ XIV: **Basedow'sche Krankheit.** Prof. *Sattler* in Leipzig. *(Bis jetzt erschienen: Lieferung 143/145, 146/147, 160/161, 196/197.)*

„ XV: **Erkrankungen der Thränenorgane.** Prof. *Schirmer.*

„ XVI: **Erkrankungen des Auges in ihren Beziehungen zu Erkrankungen der Nase und deren Nebenhöhlen, sowie zu Erkrankungen des Gehörorganes.** Prof. *Eversbusch* in München. *(Lieferung 61/62 [Schluß].)*

Band IX, 5. Abteilung, 1. Teil. (*Vollständig.*)

„ XVII. **Verletzungen des Auges mit Berücksichtigung der Unfallversicherung. I.** Prof. *Wagenmann* in Heidelberg. *(In Lieferung 130/134, 178/182, 188/191.)*

Band IX, 5. Abteilung, 2. Teil.

„ XVII: **Verletzungen des Auges mit Berücksichtigung der Unfallversicherung. II.** Von Prof. *Wagenmann* in Heidelberg. *(Bis jetzt erschienen: Lieferung 198/201, 211, 219/220.)*

Fortsetzung auf der vierten Seite des Umschlags